JN193947

川に油が流れると・・・

（河川の油流出事故対策と教訓について）

佐々木邦昭

水路を下る油

本文 89頁

本文中に説明した写真資料
——頁を照合して活用して下さい。——

図2-3　エマルジョン（平成2年、京都府伊根町）　　　　本文　28頁
　C重油は、風浪により高粘度のエマルジョンに変化する。
　写真の油は、海水を66%含み、2.9倍に容積が増していた。

図2-9　Ａ重油流出（**表4-1**　NO64）　　　　　　　　　本文 35頁
　　　川幅2.5m、流速20cm/s（目測）。
　　　万国旗型油吸着材（58頁参照）を３列設置、上流側（右）で、
　ロープに沿って表層流が止まり集油され少しは吸着されてい
　る。しかし、油吸着材で回収されない油が殆どの状態。何れも
　油膜厚の識別はＡランク（**表2-2**参照）。

① 　OF 展張状態図3-3
　　OF は浮遊する油の拡がりを防ぎ、油の回収につなげるための資材で
　一般的には、長さ20m 単位、幅50〜70cm のフレキシブルなゴム布地で
　作られている。水面で垂直に浮くように上部に浮体が、その下にスカー
　ト、下端部に付けられている金属の錘により形状が作られる。

図3-3　OF 単体（20m）展張状態　　　　　　　　　　　　　本文 41

図3-4　OF 単体（20m）展張図と主要部の名称

図3-7　流速90cm/sで（河川用 OF、BT 型15φ×20cm）、　本文 43頁
長さ10m 使用の使用状態
浮力不足により浮体が水面下に沈み、堰を作る。両端ロープ張力は強大
となる（急流で一時的に堰として利用ができる）。

図3-9　TT 型　　　　　　　　　　　　本文 45頁
　スカートが水流により浮上して滞油性を喪失
している状態。

図 3 -10　BT 型　　　　　　　　　　　本文 45頁
スカートは浮上せず滞油性を保っている状態。

図 3 -14　河川用　15φ×20cm × 5 m　　　　　　　本文 48頁

図 3-15 A型OFを川幅に切断して使用　　　　　　　　本文 48頁

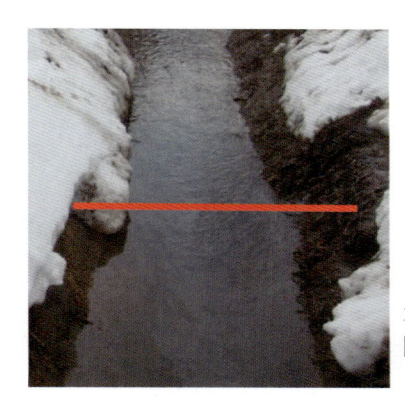

本文 50頁
図 3-20　水路を流れる油
この油膜を棒線のラインで食い止めたい。

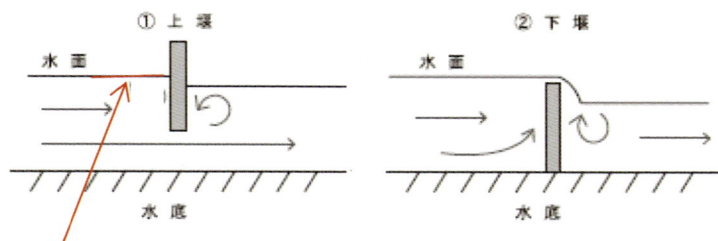

表層流は静止し、平穏域となる

図 3-21 簡易堰の型
①上堰：水面を中心に垂直方向に浮かべる又はその位置で固定する。
②下堰：水底から水面上まで土嚢等を積み上げる。

図 3 -22　水路に土嚢堰の設置　　　　　　　　　　本文 51頁
土嚢の下部に排水用塩ビ管設置

図 3 -23 土嚢堰（表 4 - 1 NO55)　　　　　　　　本文 51頁

図3-24 コンパネ板の2段堰　　　　　　　　　　　　本文 52頁

　底質が泥の為、板を一部側岸に押し入れて杭で固定する。1段目堰の前後に集油される。堰の前後に数 cm の水位差が出来ている。油吸着材を集油部に設置。

　水は右から左へ流れている。（**表4-1　NO60**）

図3-25 コンパネ板の3段堰　　　　　　　　　　　　本文 52頁

　油吸着材を集油部に設置する。
　水は右から左へ流れている。（**表4-1　NO65**）

図 3 -26　木板による堰　　　　　　　　　　　　　　　　本文 52頁

　木板を水路幅に切って、杭で固定して堰を設置。水は上から下へ流れている。

（**表 4 - 1**　NO79）

図 3-27　簡易堰（V 字先端に集油、3 段堰）　　　　　本文 54頁
水は右から左に流れている。

図 3 -29
V 型堰と OF（空気式）の連結による集油

本文 54頁

堰の右側の OF は河川用空気式（**図 3 - 2 参照**）
8 φ ×13×400cm。

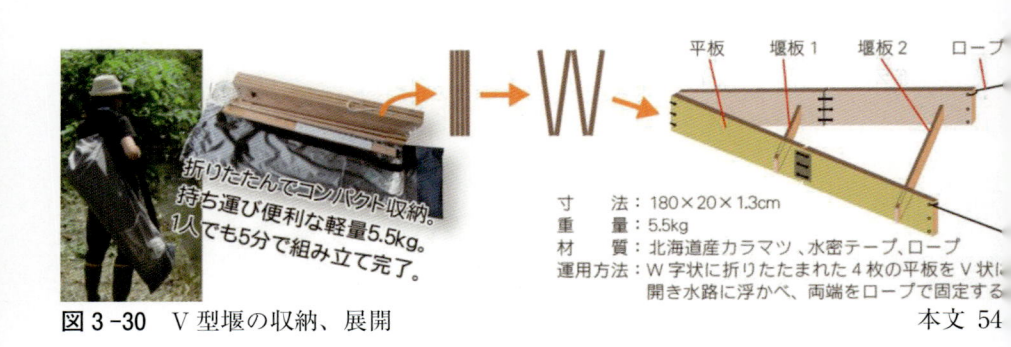

折りたたんでコンパクト収納。
持ち運び便利な軽量5.5kg。
1人でも5分で組み立て完了。

平板　　堰板 1　　堰板 2　　ロープ

寸　　法：180×20×1.3cm
重　　量：5.5kg
材　　質：北海道産カラマツ、水密テープ、ロープ
運用方法：W 字状に折りたたまれた 4 枚の平板を V 状に
　　　　　開き水路に浮かべ、両端をロープで固定する

図 3 -30　V 型堰の収納、展開
本文 54

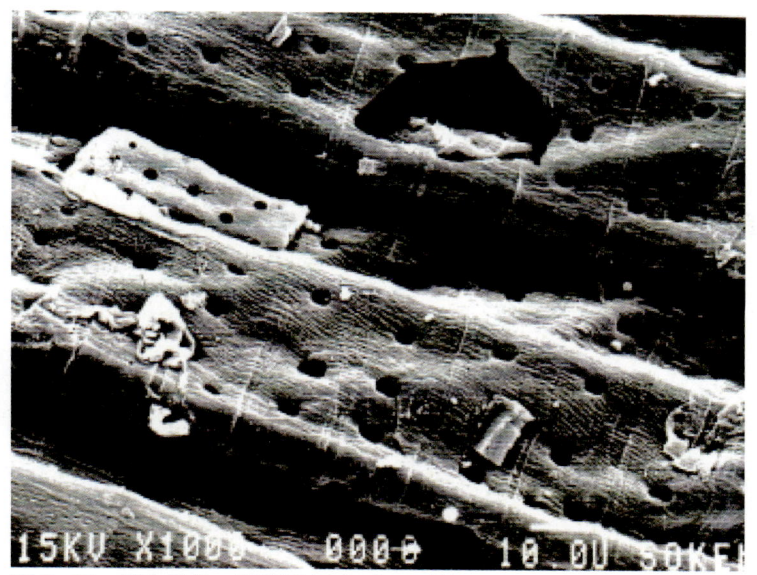

図 3 -33　植物繊維の顕微鏡写真（1000倍）　　　　　本文 57頁
炭化した多孔質の仮道管繊維表面。

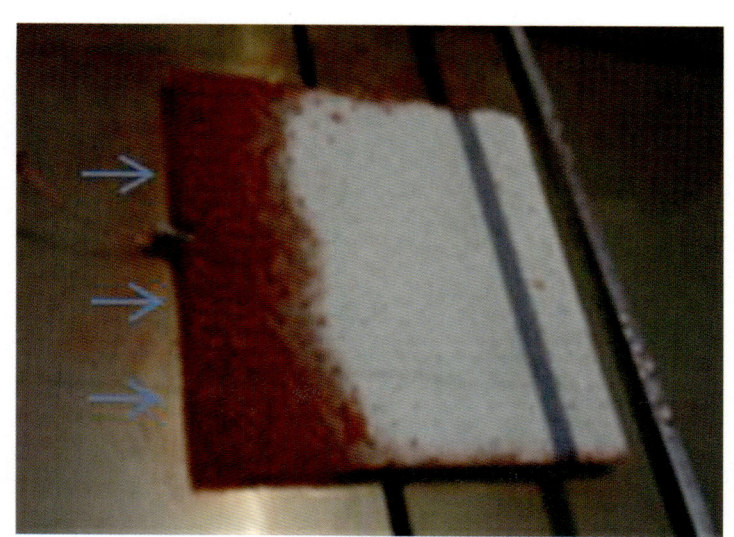

図 3 -35　油の吸引（A 重油）　　　　　本文 61頁
油は横から吸着され面で保持、面からの吸着は少ない。A 重油
は茶色に変色するが、灯油等の白油の場合、吸着による色の変
化が少ない（図 2 - 5 参照）。

図 3 -36　A重油の滴り（PP の場合）
本文 61頁

図 3 -37　A重油の滴りが殆どない（
質系油吸着材の場合。図 3 -32参照）。
本文 61

図 3 -40
本文　64頁
　堰式回収装置
90％以上が水で回収され、油はごく僅かである。

3-41 　　　　　　　　　　　　　　　　　　　　　　　　　　本文 64頁
回転円盤式回収装置（AC100V）、Ｖ型簡易堰、回収油タンク（１kl）

スクレッパー
（円盤の両面に付着した油をかき落
す、油はポンプで送り出す）
円盤４枚
回転方向
（時計回り）

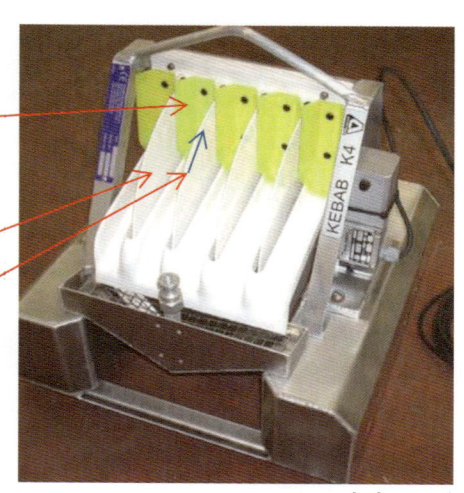

図 3-42　　回転円盤式回収装置 　　　　　　　　　　　　　本文 65頁

図 3 -44
強力吸引車による
回収、コンパネ板
による簡易堰（吊
り下げ式）の前面
に溜まった油を吸
引している。
（**表 4 - 1** NO47）

本文 65

図 3 -46　ゲル化した油　　　　本文 68頁
　油と会合しなかった白い粉末はそのまま
残っている。
　　　　　　図と写真は㈱アルファジャパンの提供

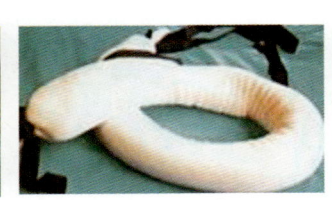

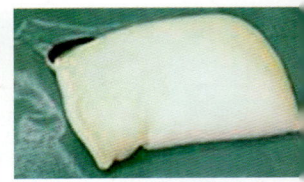

　　粉末ゲル化剤　　　　　　チューブ状　　　　　　マット状

図 3 -47　粉末ゲル化剤と製品　　　　　　　本文 68

9　諏訪川　Ｃ重油　　　　　　　　　　　　　　本文 87頁

9　川底に沈むＣ重油粒　　　　　　　　　　　本文 87頁

10　才乙川　Ａ重油　　　　　　　　　　　　　　　　　　本文 87

10　王泊ダム　Ａ重油　　　　　　　　　　　　　　　　本文 87

29　お台場　CSO　　　　　　　　　　　　　　　　　　　　本文　87頁

42　小樽 A 重油タンク容量1.5kl　　　　　　　　　　　本文　87頁

42　小樽水路　Ａ重油　　　　　　　　　本文 87頁

42　小樽暗渠　Ａ重油　　　　　　　　　本文 87頁

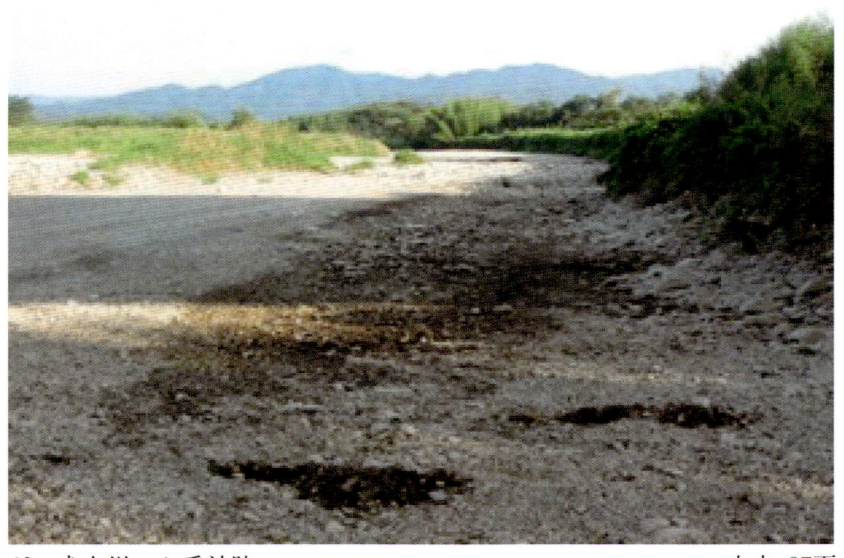

46　犬上川　Ａ重油跡 　　　　　　　　　　　　　　　　　　　　本文 87頁

55　岩内　土嚢堰の設置　　　　　　　　　　　　　　本文 87頁

58　瀬棚　灯油　　　　　　　　　　　　　　　　　本文 87頁

60　士別灯油　　　　　　　　　　　　　　　　　　　本文　88頁

60　士別灯油　　　　　　　　　　　　　　　　　　　本文　88頁

64　多度津 A 重油タンク　1.8kl　　　　　　　　　　本文 88頁

64　多度津　A 重油　　　　　　　　　　本文 88頁

65　灯油タンク容量485ﾘｯﾄﾙ× 2 個　　　　　　　　　　　本文 88頁

65　名寄　灯油　　　　　　　　　　　本文 88頁

67　岩見沢

本文 88頁

73 酒田　Ｃ重油　　　　　　　　　　　　　　　　本文 88頁

73 酒田　Ｃ重油　　　　　　　　　　　　　　　　本文 88頁

73　酒田　Ｃ重油　　　　　　　　　　　　　　　　　本文 88頁

79　タンクと防油堤　　　　　　　　　　　　　　　　本文 88頁

91　六角川　オイルフェンス　　　　　　　　　　　　　本文 88頁

91　六角川と油膜　　　　　　　　　　　　　　　　　本文 89頁

91 田畑、水路に油 本文 89頁

91 水田に油、自衛隊員 本文 89頁

92 水路から一級河川への合流口 本文 89頁

92 利別川を流下する油 本文 89頁

魚道

92 高島頭首工　　　　　　　　　　　　　　　　　　　　本文 89頁
　　魚道にオイルフェンス展張して油吸着材で回収している。

目　次

はじめに

　1960年代、石油を大量に消費する時代になるとともに、油が海洋に流出する事故が頻発するようになった。その件数は海上保安庁の白書によると数万件に及び、特に、大型タンカー等が座礁や衝突事故を起こすと流出油の規模が大きく、国際的な問題となった。川のように流れる油の帯、海浜を埋め尽くす油塊、涙し怒る人々、油にまみれた自然や鳥等の姿、その様な映像が幾度も世界中に伝えられた。

　そして流出油対策の国際条約（1954年 OIL POL 条約、1973年 MARPOL73／78条約等）が締結された。日本は条約の国内法化を行うとともに対策を強化してきた。その成果もあって、近年海洋の油濁事故は著しく減少した。

　一方、陸域でも油濁事故は多発し、国土交通省の統計には今日数万件が記録されている。工場、ホテル、学校、事業所、寄宿舎、役所、一般家庭そして農家のビニールハウス等で使われる重油や灯油等が、配管の損傷、器械の故障、交通事故等様々な原因により排水路を経由して川へ流出する事故は、毎年1,000件以上のペースで発生している。その多くが揮発性のある油種で小規模とはいえ想定外の被害を伴うことも少なくなかった。

　私は海上災害防止センターに昭和59年から21年間勤務し、海の油濁対応に数多く取り組んでいた。平成18年に現役を引退した後も今日まで「漁場油濁基金」の専門家として、又はNPO「川の油濁防止技術研究会」の要員として要請があった時、油が流れる海と川の現場に赴き支援してきた。これらの経験から、河川では海洋のレベル程にはハードやソフト

2

が整備されていない（程遠い）事を強く感じている。

　その理由は、日本には国際河川（複数の国家の領土を流れる川）がない、欧米で発生している様な大規模（数百〜数千 kl の流出）の河川油濁事故もない、河川の管理者の在任期間が短く専門家が育たない、他の河川での経験が共有されていない等によると思っている。

　川に油が流出する事故は、大量の油が使われ輸送される限り、これからも様々な形で発生し続けるため、最新の知見を備えた対応能力をもつ責任者の存在は不可欠である。対応が拙ければ公共への被害が拡大してしまうからである。

　日本には数万の大小の河川があり、その何処かである日突然、未経験で想定外の事故がこれからも必ず発生するはずである。

　その前提のもとに、現場対応の人材を確保することは必要なことである。本書でとりあげるイロハを知れば油濁対応は過剰に恐れることなく、立ち向かう事ができる。

佐々木邦昭

第1章
河川と水質事故

1. 川の区分

　川には、河川法に定めのある川と定めのない川があり、前者は一級河川、二級河川、後者は準用河川、普通河川と呼称されているが、全ての川は、公共物となっている。一、二級河川は、治水、利水、河川環境について河川法により国土交通省により管理され、普通河川等は一切が地方自治体に任されている。

　川の構成は、本川、支川、派川、湖沼等からなり、これらをまとめて水系と呼んでいる**表1-1**、**図1-1**。

　一方、環境省が所管する水質汚濁防止法では、河川、湖沼、港湾、沿岸海域その他公共の用に供される水域及び灌漑用水路等を「公共用水域」と呼んでいる。

表1-1　川の区分　国土交通省 HP（平成28年12月版）[1]

名称	水系数	河川数	管理者	概　要
一級河川 （一級水系に属する河川）	109	14,060	国土交通大臣	河川法で指定された「国土保全上又は国民の経済上特に重要な水系」。支流に準用河川、普通河川を含む（二級河川は含まない）。
二級河川 （二級水系に属する河川）	2,711	7,079	都道府県知事	河川法で定められる一級河川以外の河川で「公共の利害に重要な関係がある水系」。都道府県が指定、支流に準用河川、普通河川が含まれる。
準用河川	2,524	14,323	市町村長	二級河川に準じる河川。支流に普通河川を含む。
普通河川	一級、二級、準用のいずれでもない川。河川法の適用・準用を受けない。市町村が必要時に条例を策定し管理している。普通河川は、法定外公共物である。			

参考）日本の長い川：信濃川367km、利根川322km、石狩川268km、只見川260km

図1-1 河川図

国土交通省　九州地方整備局　大分河川国道事務所[2] HP から

上流から下流に向い、
　右側を右岸、
　左側を左岸と呼ぶ。

2. 河川の油濁による被害と対策

（1）被害

　我国の河川における油の流出事故は、国土交通省によると**図1-2**に示す様に毎年1,000件以上発生している。これらの殆どは流出油量が1kl 以下の規模であるが、薄い油膜が数日間、数百メートル下流まで残っていることも少なくない。一般的に油は流出源から土壌、水路に流入し、川岸を汚染しつつ、大きい河、湖、海を目指して流れる事が多い。

　その過程で、土壌汚染、上水取水停止、農業用水の汚染、川魚の斃死、油臭等様々な被害を発生させている**図1-3、1-4**。また、河川をはじめとして生態系へも大きな影響を及ぼすことになる。

　これらの被害は、流出した油の油種、量、季節、水域により様々で

ある。しかし、被害軽減対策として実施したはずの薬剤散布などが、却って被害を拡大・深刻にさせる事もある。一方、海外では想像を絶する大きな事故が発生している。流出した油による引火爆発、生活環境の破壊、疾病等により多くの人命が失われる等の二次的被害、そして、巨額の損害賠償の事例も発生している（巻末の添付資料、海外の河川油濁事故参照）。日本では幸いこの様なレベルの被害を伴う事例は今日まで起きていない。

（2）対策

　油の流出による被害の発生を抑制するための必要な対策としては、以下の活動が必要となる。詳細は第2章参照。

- ・事故の概要（発生日時、場所、原因、油種、流出量、被害等）の把握
- ・情報連絡（関係する役所、団体など）
- ・応急措置（最初に現場に入った人々による取り敢えずの措置）
- ・専門家の確保と育成（専門的知識と経験豊富な人）
- ・集油回収等のための活動（オイルフェンス、簡易堰、油吸着材等による回収作業）
- ・後方支援（資機材の搬入、回収油の搬出先の確保、諸手続き）

図1-2 一級河川水質事故発生件数の記録（平成15〜30年）全国一級河川の水質現況から（縦軸は件数、横軸は年を示す）。

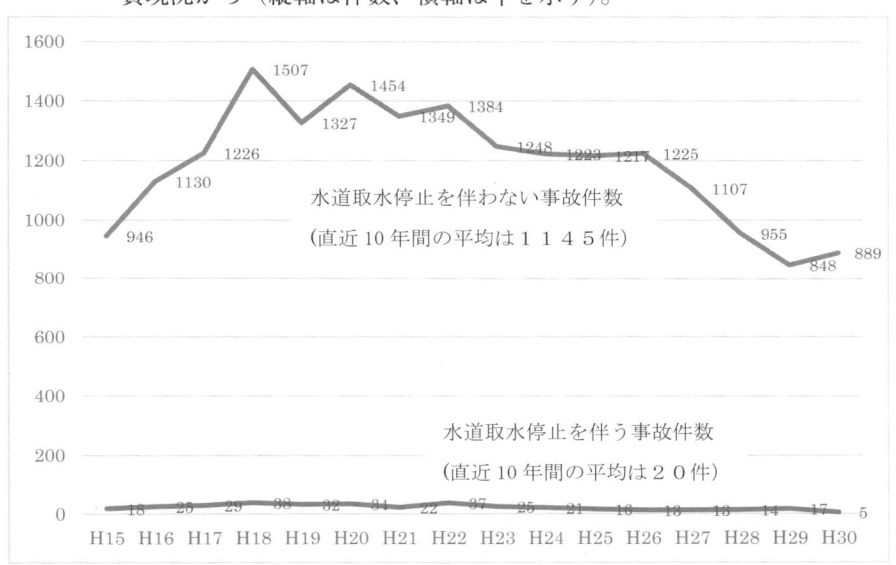

図1-3 油の被害を受けた田畑

図1-4 油で汚染された農業用水路

3. 一級河川の水質事故

（1）水質事故

　　一級河川の水質調査は、昭和33年当時の建設省※1が開始し、60年以上経た現在も国土交通省により続けられている。その記録は、毎年

7月「全国一級河川の水質現況」として公開され、その中に水質事故の記述がある。その件数については図1-2に示す様に推移し、水質事故※2については次の①〜④の様に記載されている[3]。

① 事故発生件数は一級河川水系で1000件／年程度

② 水質事故の原因（平成26〜30年度の5年間を集計5,086件の内訳、図1-5）
　・油（A重油、軽油、ガソリン等）4049件（81%）
　・ケミカル（シアン、有機溶剤、農薬等）247件（5%）
　・油、ケミカル以外の土砂・糞尿等261件（5%）
　・その他（原因物質が特定できない）529件
　以上油が原因となるケースが8割以上を占めている。

③ 油の流出源
　　工場、施設、学校、一般家庭、ホテル、農場等の燃料タンク・パイプラインの故障・破裂・腐食孔、交通事故を起こしたタンクローリー等※3

④ 流出油の種類
　　油種別で最も多いのは軽質油（A重油、灯油、軽油、ガソリン、ジェット燃料）である。他にケミカル、原油、C重油、焼入油等がある

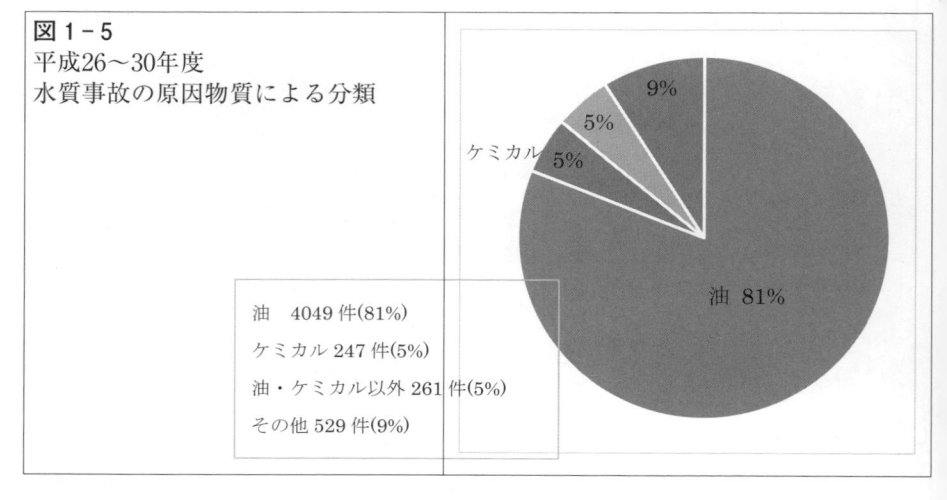

図1-5
平成26〜30年度
水質事故の原因物質による分類

ケミカル

油 81%
9%
5%
5%

油　　4049件(81%)
ケミカル 247件(5%)
油・ケミカル以外 261件(5%)
その他 529件(9%)

※1　建設省は、平成13年1月5日国土交通省に再編された。建設省は昭和23年建設院から移管され、同年建設院は内務省（明治6年設置）から移管されている。

※2　水質事故とは、「河川への廃棄物の不法投棄、工場等における機器等の破損や人為的な誤操作に起因する油類や化学物質の流出による事故のこと」をさし、原因物質は油類（重油、軽油、灯油等）、化学物質（シアン、有機溶剤、農薬等）、油類化学物質以外（土砂、糞尿）、その他（原因不明）の4項目に分類されている。

※3　流出源としては他に次の様な事例も起きている。
　・水害により工場が水没し、大量の油が田畑、道路、家屋、水路、河川、海に流出（表4-1　NO82、91参照）
　・遭難船から大量の高粘度油が流出し、大潮、強風により河口から上流に遡上（表4-1　NO9、73参照）

図1-6
　一級河川の流出油事例
（平成27年滋賀県）
　幸い蒸発性の高い油種であり、被害の発生は確認されなかった。

参照
　　表4-1　NO82

（2）事故の教訓
　国土交通省の記録[4)6)]の中には、次の様な教訓が残されている。
　・事故発生時、担当部局が多岐にわたり指揮命令系が一元化していない。指揮者が不在である。
　・早期発見と初期対応の迅速化が重要（後手に回ることが多い）
　・緊急時臨機の措置が必要
　・応急措置の出来る要員の育成が必要

・OF（オイルフェンス）、油吸着材の手配に時間を要した。関係各機関は必要な資材を確保し、常に迅速な対応が可能な体制づくりが必要であった
・OF、油吸着材の性能が不充分
・冬季、油吸着材が凍結し役に立たなかった
・積雪による除雪のため油の流出経路の特定・回収作業に長期間を要した
・河川内の石・砂等に多量の油が付着し、その除去に困難を極めた
・流出油規模に対し過剰もしくは不適切な資機材まで使ってしまう
・的確に対処するためのマニュアルの確立が必要
・資機材の選択、運用の能力

　ほかに、私が体験した幾つかの現場で共通して感じることは
　　・オイルフェンスの使い方を知らない
　　・油吸着材の使い方を知らない　という現実を目にする。
　これらのことは、訓練などでの習熟が必要である。
　これらは何れも普段気づき難い事であるが、一旦事故が発生すると切実な現実であり貴重な教訓として、関係者は平時によく理解しておくことが大切であり、訓練などでの習熟が必要である。

4．一級河川以外の油流出について

　一級河川以外の二級河川と普通河川でも油流出事故は数多く発生している。前記の「全国一級河川の水質現況」の様な記録は作られていないが、「平成○○年度▽△県水質事故発生状況」を公開して事故対策への意識向上に努めている地方自治体もある。また、『もしも、油が流出したらすぐに、最寄りの市町村・消防署に連絡してください』等と書かれた図1-7の様なポスターが町村役場や消防署に貼られ、最近はインターネットやSNSを通じての呼びかけも行われている。
　図1-8は、山形県の河川に大量の油が流れ込んだ事例であるが、この事故は二級河川であったためか国内でも殆ど知られていない。

図1-7
ポスターの事例

　小量危険物タンク（灯油、軽油、A重油用）は、家屋や工場の屋外に設置ができ広く普及している。時々パイプ破損等による流出事故が起きている。

図1-8　二級河川を遡上する重油（山形県）
　酒田港口で沈没した貨物船から流出したC重油は、河口から3.8km上流まで遡上し、途中用水路にも侵入した（参照：**表4-1** NO73）。

5. 水質事故と関係法令について （巻末資料参照）

河川の水質事故に関連する国内法としては、以下のものがある。
・河川法（河川管理者等の責務、国土交通省所管）
・水質汚濁防止法（工場及び事業場等の責務、環境省所管、法律公布当時は環境庁）
・消防法（製造所、貯蔵所又は取扱所が対象、総務省所管）

（1）河川法と水質事故の取り組み

① 河川法は、明治29年以来、120年の歴史の中で治水、利水、河川環境の分野ごとに順を追って改正され、現在は主要な川を前述の通り一級及び二級河川に区分している。

「水質事故」「油流出」という言葉は、河川法の中では使われていないが、昭和40年代に事故が増加・深刻化したため、以来、建設省（当時）は政令、通達、通知を出して「水質事故」の対策に乗り出した。それらの内容は、河川法を補完（次項に示す）する法文に準じた内容で、現在もそのまま国土交通省に引き継がれている。

② 平成9年5月「河川法の一部改正」が行われ、「水質事故」も念頭においた次の内容が追加された。
・原因者施行・原因者負担制度が創設（第67条）
・河川管理者の定める河川整備計画（第16条の2）の中で水質事故対策の強化が図られた。例えば、水系毎に学識経験者、地元住民により検討・作成される河川整備計画の中において、図1-9に示す様な水質事故対策も取り上げられた。

図1-9　S川水系河川整備計画に記載されている水質事故対策

> S川水系河川整備計画（平成22年4月）
> 1．河川整備計画の目標に関する事項
> 2．河川整備の実施に関する事項
> 　2-2-2　河川の適正な利用及び流水の正常な機能の維持
> 　（2）水質事故への対応　油類や有害物質が河川に流出する水質事故は、流域内に生息する魚類等の生態系 のみならず、水利用者にも多大な被害を与える。このため、「北海道一級河川環境 保全連絡協議会」等を開催し連絡体制を強化するとともに、定期的に水質事故訓練等を行うことにより、迅速な対応ができる体制の充実を図る。水質事故防止には、地域住民の意識の向上が不可欠であり、関係機関が連携し水質事故防止に向けた取り組みを行う。また、定期的に水質事故対応に必要な資機材の保管状況を点検し、不足の資機材は補充する。

（2）河川の水質汚濁防止に関する通達等（関連する通達などをまとめた。以下は要約であり、正確な全体文は原本を確認してほしい）

①　河川環境保全連絡協議会について

　水質汚濁防止に関しては、必要な河川ごとに水質関係機関からなる「○○県一級河川環境保全連絡協議会（△△川）」※4（水濁協と呼ぶ事もある）を設置し、水質汚濁防止に関し、関係機関において常時情報の交換を行うとともに、緊急事態の発生した場合に即応できるようにする等連絡体制を確立する

　　　　　　　　　　　　　（昭和45年9月10日建設省河川局長通達）

※4　地域により「○○川水系河川水質汚濁防止連絡協議会」ともいう。この協議会は昭和33年に淀川で最初に、以後昭和40年代になって多くの河川に設置された

②　河川管理に重大な支障を及ぼすおそれのある場合とは

　イ　上水道の源水が簡易水道の場合 BOD 値（生物化学的酸素要求量）が4 ppm 以上になった場合等

　ロ　シアン、クロム等劇毒物による汚染

　ハ　魚類等の異常斃死、又は急激に棲息できなくなる恐れのある場合

　ニ　BOD 値が20ppm 以上となり、悪臭が発生した場合

　　　　　　　　　　　（昭和45年10月7日建設省河川局水政課長通達）

③　連絡協議会の業務内容

　イ　緊急時の措置に関する連絡及び連絡通報体制の整備（施行令第

16条の6）

ロ　水質汚濁に係る公害防止計画の作成作業に関する協力

ハ　水質測定計画の作成に関する連絡調整

ニ　水質調査及び解析に関する情報の交換

ホ　一級河川の管理上必要な水質汚濁防止法の措置に関する連絡調整

ヘ　一級河川に係る水域類型の指定の作業に関する協力

ト　流域別下水道整備総合計画の策定に関する協力

チ　水質汚濁対策事業に関する協力

リ　その他水質汚濁防止対策上必要と認める事項

（昭和46年7月24日付け建設省河川局河川計画課長通達）

④　重油流出事故等による河川汚濁の緊急対策について

イ　流出した重油等の拡散、流下、遡上等を防止するためのオイルフェンス、油吸着材等資材の常備

ロ　関係機関との連絡、応援体制の確立

ハ　専門業者の活用の検討

（昭和50年1月8日　建設省河発第3号）

⑤　水質事故発生時の情報伝達

イ　水質事故の発見又は通報を受け次第、関係先へ連絡通報と同時に本省へ報告

ロ　水質事故は緊急事態であり、担当者不在でも速やかに本省に報告

ハ　報告は体裁にこだわらず適宜略図を添付し迅速に行う　など

（平成2年8月4日建設省河計発第7号）

⑥　水質事故対策マニュアルの作成

　　水質事故は河川管理上の重大な問題になっている。迅速かつ的確に対応するため「水質事故対応マニュアル作成指針」（案）により各水系で「水質事故対応マニュアル」を早急に作られたい

（平成4年1月22日建設省河計発第9号）

⑦　水質事故等緊急時における連絡協議会の通報体制等

イ　定期的に水質事故訓練を実施すること

ロ　一般市民に対し、河川水質の異常等を発見したときの通報等について周知

ハ　警察、消防等から事故情報が迅速に入手できるような連絡体制
ニ　水質事故が発生した場合、水濁協として報道機関を通じ一般市
　　民に広報

（平成 6 年 9 月12日建設省河計発第76号）

⑧　河川法一部を改正する法律の施行について（原因者施行・原因者
　負担制度の創設）
イ　「河川の汚染」とは、水質事故により、……河川の流水、河川
　　敷を汚すことである
ロ　「河川の維持」とは、……水質事故の応急措置等であること、
　　……
　　　　水質事故の応急措置としては、油等の拡散、流下、遡上等を防
　　止するためオイルフェンス、オイルマット等の設置、化学処理等
　　で、河川の現状を良好な状態に保全するために行うもの
ハ　関係者への連絡通報について……連絡協議会等を活用すること
ニ　原因者負担金について……その範囲は業者に依頼した費用、水
　　質分析費、資機材等……自己処理に直接要した維持行為に関わる
　　費用とする

（平成10年 1 月23日建設省河政発第 5 号）

⑨　原因者負担制度の当面の運用について（通知）
　原因者負担の範囲、費用請求の方法・手続きについて

（平成10年11月12日建関水第721号）

⑩　国土交通省への移行に当たり災害情報の連絡要領
イ　この要領の目的は、災害の発生時において……災害状況などを
　　……的確に把握するための活動要領について示したものである
ロ　組織の定義
　　本省　　　　　：国土交通省
　　地方整備局等：地方整備局、北海道開発局、沖縄総合事務所
ハ　情報連絡方法

（平成13年 2 月16日国河災第 1 号）

⑪　河川水質事故災害に関わる情報連絡
イ　河川水質事故災害とは有害物質が河川に大量に流出した事など
　　により、水道水の供給が相当期間に亘って停止する等国民生活に

重大な影響が発生した場合又は恐れのある水質事故、人的被害が発生した場合又は恐れがある水質事故などで、その情報連絡を遺憾無く行う

ロ　情報連絡の内容は、事故の概要、事故の発見者、日時、地点、原因者、原因、原因物質……

ハ　本省連絡先

（平成13年4月6日河川環境課事務連絡）

⑫　河川水質事故災害に関わる情報連絡の運用（補足説明）

　平成13年4月6日付け河川環境課課長補佐事務連絡で示されたとおり、河川、砂防、海岸等に係る災害情報連絡要領に基づく情報連絡の対象となる「河川水質事故災害」とは、「有害物質が河川に大量に流出したことなどにより、水道水の給水が相当期間にわたって停止する等国民生活に重大な影響が発生した又は発生するおそれがある水質事故、人的被害が発生した又は発生するおそれがある水質事故等であるので、その情報連絡を遺漏なく行われたい」としている。具体的な河川水質事故災害の目安については、当面次に掲げる場合として取り扱うものとする。

・人的被害が発生した又は発生するおそれがある場合
・取水停止等、利水者への影響が発生した又は発生するおそれがある場合
・全国規模で報道されることが予想される場合
・各地方整備局において注意体制以上の体制をとる場合
・その他連絡が必要と判断される場合

（平成19年10月19日河川環境課事務連絡）

（3）水質汚濁防止法（工場及び事業所から公共水域への排出規制が目的）

①　水質汚濁防止法の改正

　平成8年水質汚濁防止法は改正されて、新たに油の流出に関する以下の条文が加えられた。

　貯油事業場等の施設で事故が発生し、油を含む水が公共用水域に排出され、又は地下に浸透したことにより生活環境に係る被害を生じる恐れがあるときは、直ちに、引き続く油を含む水の排出又は浸

透の防止のための応急の措置を講ずるとともに、速やかにその事故の状況及び講じた措置の概要を都道府県知事に届け出なければならない。応急の措置が取られていないとき、知事は応急措置命令ができる（第14条の2第3項、4項）。

② 環境省の通達

環境省はこの改正を受けて各都道府県知事と政令市長にあて通達を出して、条文を解説し、周知している （環水管275号　平成8年10月1日）。

この通達の要約は次のとおり（正確な文章全体は原本確認のこと）。

・第1　法改正の趣旨

多発している油の流出事故については、事故時の措置に関する規定がなく、浄水場の取水停止、農業用水の汚濁等の生活環境被害が発生している。

本改正法は、こうした状況に鑑み……油の流出事故による水質汚濁を防止するため、事故時の措置に関する規定を整備することとした。

・第2　地下水の水質の浄化に係る措置命令等

原因者に対する措置命令、土地所有者への協力要請、立ち入り検査等。

・第3　事故時の措置

・従来の有害危険物に油も追加される。油とは原油、重油、潤滑油、軽油、灯油、揮発油、動物油（施行令3条の4）
・貯油施設とは、前記油を貯蔵する貯油施設（施行令3条の5）
・応急措置が必要な場合には天災も含まれる
・応急措置とは、油の移送、土嚢（簡易堰の設置）、油吸着材（油の回収のため）、汚染表土の除去等の措置……
・措置命令は、原因者が応急の措置を講じていない又は不適切な措置と認めるとき、都道府県知事が行う

これら法の励行は、都道府県、市町村の環境部局が担っている。

以上を踏まえて河川法と水質汚濁防止法の変遷をまとめたのが**表1-2**である。

表1-2　河川法と水質汚濁防止法の変遷

年	概　要
明治29年4月	**河川法公布**（昭和39年以降は旧河川法と呼称）。建設院が所管　水害の防止等**治水**が目的
明治44年頃から	水力発電所建設に伴う利水権のトラブル頻発
昭和25年 ～昭和40年	高度成長期、工場排水などによる水質汚濁が深刻化（江戸川区製紙工場廃液垂れ流し、渡良瀬川の鉱毒事件、水俣病・イタイイタイ病など） 　（水質保全法 昭和33年制定、工場排水規制法 昭和34年制定）
昭和39年	**河川法制定**。旧河川法廃止。一水系を一括管理。一級・二級・準用河川の概念導入、これらの管理・治水に**利水**を加えた。建設省所管
昭和45年	水質汚濁防止法公布（水質保全法、工場排水規制法廃止）環境庁が所管 昭和45年頃から平成9年までの間、建設省は「汚水排出者に対する届け出義務」「河川管理に重大な支障を及ぼす場合の基準」「河川の水質汚濁防止に関する連絡協議会の設置」「河川油濁の緊急対策と情報伝達」「水質事故対策マニュアルの作成」等の通達を出して対策を取っていた
平成8年改正	水質汚濁防止法の改正。排出規制として特定事業場又は貯油事業場からの油の流出も対象になった
平成9年改正	**河川法の改正「河川環境の整備と保全」**を目的に加えた。河川整備基本方針と具体的な整備内容を決めた河川整備計画を制定。水系ごとに流域委員会が設置される。建設省所管
平成13年1月5日	建設省は国土交通省に移管される

（4）消防法（第十六条の三）

1. 製造所、貯蔵所又は取扱所の所有者、管理者又は占有者は、当該製造所、貯蔵所又は取扱所について、危険物の流出その他の事故が発生したときは、直ちに、引き続く危険物の流出及び拡散の防止、流出した危険物の除去その他災害の発生の防止のための応急の措置を講じなければならない。
2. 前項の事態を発見した者は、直ちに、その旨を消防署、市町村長の指定した場所、警察署又は海上警備救難機関に通報しなければならない。

3. 市町村長等は、製造所、貯蔵所（移動タンク貯蔵所を除く。）又
   は取扱所の所有者、管理者又は占有者が第一項の応急の措置を講じ
   ていないと認めるときは、これらの者に対し、同項の応急の措置を
   講ずべきことを命ずることができる。

6．河川・内陸油濁の特徴

　河川・内陸部の油濁事故は海洋の場合と比較してみると、次の様な
特徴がある（**表1-3**も参照）。
　① 　一級河川水系で年間1,000件以上と多発している（海洋は200〜
　　300件程で推移）
　② 　真水で飲料、農業・工業に取水されるため、小規模でもこれら
　　に直接被害が及ぶ（海水では3.5％の塩と微量金属が含まれ、比
　　重は1.025前後）
　③ 　川魚、海から遡上する魚の産卵行動に影響が及ぶほか、漁業者
　　にとっては河口のシジミ貝漁などで漁獲が減少し油臭等の被害が
　　拡大（海洋の場合も同様に、魚介類への被害が広範囲に発生す
　　る）。
　④ 　油種では軽質油（A重油、灯油、軽油）が最多。他にケミカ
　　ル（シアン、硫酸、スチレン、フェノール等）、機械油（作動油、
　　潤滑油、焼き入れ油、アスファルト乳剤）の事例がある（海洋で
　　はA重油、C重油、原油の事故が多い）。
　⑤ 　1kl以下の小規模の流出が多く、最大でも50kl規模、（海洋の
　　場合、100〜数万klの事故も起きている）。
　⑥ 　主な流出経路は、以下のとおり図1-10〜1-12

図1-10　油の流出経路

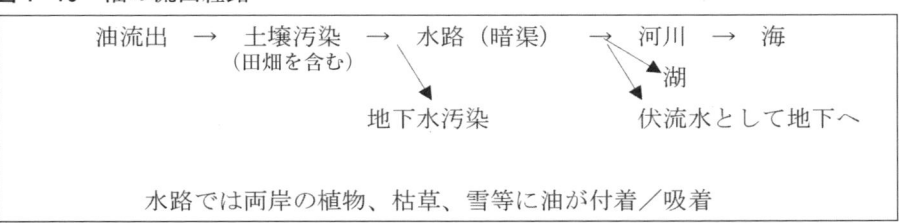

図1-11 川底の重油痕跡（**表4-1 NO46**）

図1-12 灯油を吸着した雪塊
（**表4-1 NO60**）

⑦　大雨による工場・製油所の冠水（**表4-1　NO2、NO82、91**）
　　例：台風による水害、工場が冠水して焼き入れ油流出、田畑、
　　　病院、住宅等に被害
⑧　求償根拠
　　河川法第67条等により原因者負担となる（海洋の場合、国際条約による国内法又は民法が根拠になる）。
⑨　対応に当たる機関
　　流域によって国土交通省、都道府県（環境・防災部局）、市町村（水道・防災部局）、消防、警察、保健所そして原因者と多岐にわたる場合が多い。各々の役割、指揮系が複雑又は指揮者不在のまま推移することがある。（海洋の場合、原則的に原因者の責務としてPI保険会社が海上保安庁の監督の下で対応する）
⑩　被害状況の把握が困難
　　原因者等は、流出の事実が公になると損害賠償や周辺住民からの突き上げ等の恐怖から、事故当初からなるべく流出規模を小さく語ろうとする傾向がある。時には隠蔽、非公開を図るケースもある。しかし、法律（水質汚濁防止法）により原因者には応急措置と事故の届出の義務があり、直ちに市町村役場に連絡しなければならない（海洋でもこの傾向はあり、虚偽の申告が後刻明らかになって深刻な事態になる事例があった）。
⑪　少量危険物タンクが沢山

家屋・農園・工場の屋外に少量の灯油や重油を備蓄するタンクが数多く設置されていて、これらタンクからの流出が発生している図1-7。これらのタンクには消防法9条の4により市町村長が条例を作り設置の届け入れ、容量、構造等を定めている。

⑫　ESI（Environmental Sensitivity Index：環境脆弱性指標）マップ

　河川と海岸線の両面で環境の脆弱性を指標化する必要がある。

　河川については、源流から河口までの川岸にある、工場等の施設、保護区、公園、道路等流出油事故が発生した時、基礎になる地図が未整備の状態にある。

　一方、海岸線については、海上保安庁が国際条約※5を受け整備を完了している。

※5　OPRC条約（1990年米国アラスカで発生した大型タンカーエクソンバルディーズ号の事故を受け、IMO海洋環境保護委員会（MEPC）で海洋の油濁防止に関する6項目の検討を行い条約化したもので、日本は1995年10月に加入している）

表1-3　河川と海洋の場合の対比

	項目	河川（一級、二級、普通）	海洋（領海・接続水域内）
1	件数（年間）、規模	1,000件以上、殆どが1kl以下の小規模	約300件、数kl〜数千kl
2	汚染水	真水　比重1.00	海水　比重1.025　塩分3.5%
3	汚染域	汚染源から下流	風と潮流により拡散
4	被害	水道取水停止、川岸の生物等、河川漁業、農業水路	漁業、観光、工場取水
5	油種	A重油、灯油、軽油等の軽質油など	A重油、C重油、原油など
6	対応責任	河川管理者	海上保安庁
7	根拠の法	河川法、水質汚濁防止法	海洋汚染及び海上災害の防止に関する法律（国際法を準拠）
8	求償	河川法、民法	船舶油濁損害賠償保障法、民法
9	ESIマップ	未整備	整備完了

第2章
水質事故対応

「川に油が流れたら……どの様に取り組むか」これは古くからある、新しい課題である。この方針・意思決定に関わる基礎的な事を次の1〜5に示す。

1．油の性状を把握

（1）蒸発性
　製油所の蒸留装置では、**図2-1**に示す様に原油からナフサ、ガソリン、灯油、軽油・A重油等が分留され、最後に残渣油（C重油）が残る。原油はこれらすべての油種の元油という事になる。各々の油種は、固有の密度、引火点、着火点、動粘度、流動点、発熱量、硫黄分、蒸発性等の性状を有し、水に浮いた状態でも色、臭い、油膜等に違いがある。**表2-1**にその事例を示す。
　河川で多発する流出油は、軽質で蒸発性の高い油種（A重油、灯油など）である。その蒸発特性は**図2-2**に示す様に、時間とともに蒸発が進むが、油種と風そして温度による影響が大きい。
　ここで、A重油10kl、灯油数 kl が流出した事例を夏と冬で比較してみる。
　・夏季：暑く風のある時、油臭は強く、半日程で蒸発し消滅する
　・冬季：厳寒期の事故では、一カ月程、弱い油臭と薄い油膜が残る
　一方、海洋で多発した深刻な事例は、高密度、高粘度、蒸発性の少ないC重油の場合である。C重油は大型船舶や火力発電所、工場で燃料として使われ、大型タンクで貯蔵されるほか、タンカーで大量に輸送されるため、一度事故を起こすと大規模となりやすい（平成19年1月日本海で発生したロシアタンカーナホトカ号などの例）。更にC重油の特徴として、独特の油臭があり、風波で撹拌されると含水率が60％以上のエマルジョンに変化する**図2-3**。エマルジョンは油の中に水粒が入り込んで（油中水とも言う）容積が約3倍に膨らみ、ネバネバ状態の高粘度になるため長期にわたり広範囲に汚染が拡がる。同じ事は川でも起きる。重油と呼んでいる油であるが、AとCでは油の性状が全く異なり、対応策も異なる異種の油であることを認識する必要がある。

図2-1　蒸留装置図

原油は沸点によって分留される。

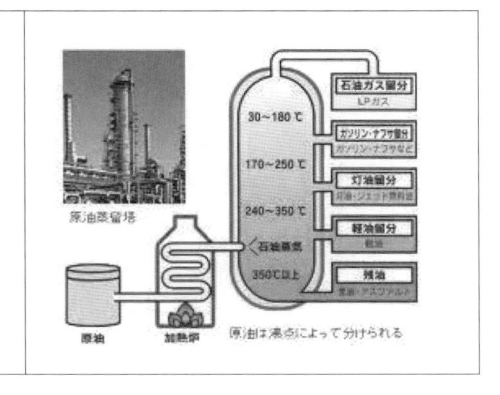

表2-1　油の性状

製品	沸点 ℃	比重 (15℃)	引火点 ℃	動粘度 50℃ cst	流動点 ℃	用途
ガソリン（C_4～C_{12}）	30 ～200	0.6～0.8	0以下		-2～-7	自動車等の燃料
灯油（C_{12}～C_{18}）	150 ～270	0.7～0.8	40～60			暖房
軽油（C_{16}～C_{20}）	160～350	0.8～0.88	50～100	寒冷地用は -30以下	-30～ 5	車両、小型船舶等の燃料
A重油	150以上	0.88前後	60以上	20以下	10以下	工場のボイラー、ビル・家庭・学校・温室等の暖房
C重油	150以上	0.9～1.02	70以上	250～1000		発電所、工場等のボイラー、大型船舶用燃料等
焼入油		0.85	132～ 200	19.2		工場で金属急冷焼き入れ用の油

注1）製品欄（　）内は炭素数。
注2）流動点等は同一油種でも添加剤により大きな幅があり、製品の性状表により確認する必要がある。
注3）焼入油についてはデーターの多くが公開されてないが、流出事故を起こした時早期に揮散している。

図2-2　蒸発特性（常温）

灯油とジェット燃料
そして
軽油とA重油は、殆ど同一
の蒸発性と言われている。

出典
海上防災12号[5)]

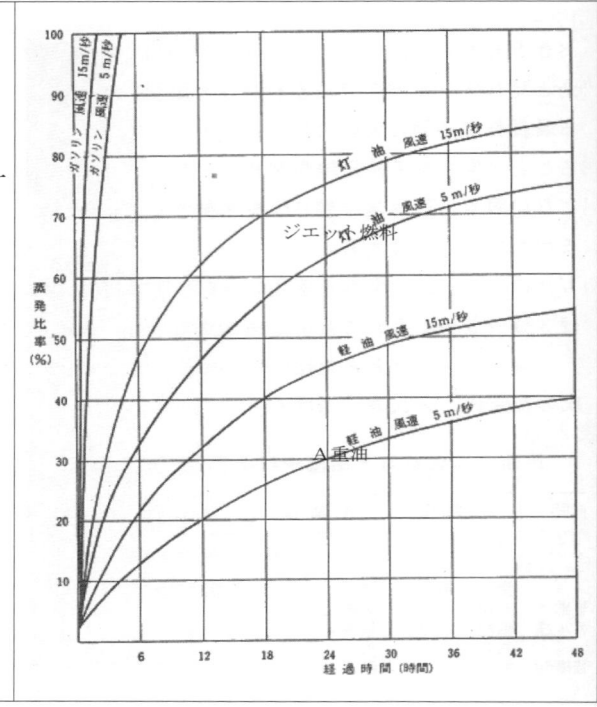

図2-3　エマルジョン（平成2年、京都府伊根町）
　C重油は、風浪により高粘度のエマルジョンに変化する。
　写真の油は、海水を66％含み、2.9倍に容積が増していた。

参考

　令和元年8月佐賀県の鉄工所が豪雨で冠水し、地上タンク内の焼入油が水面に浮上し工場外の低地に流出して住宅、病院、田畑を汚染するとともに住民と入院患者は激しい油臭に襲われた。この油種は揮発性が高

く水面に浮くと３日程で殆ど消滅したが、当初油の正確な性状が伝わらず対応面で混乱が生じた。同油種の事故は平成元年以降４件発生していてその内３件は表４－１ＮＯ２,82,91参照。

（２）引火・爆発の危険

　油の流出事故で初期に確認することは、引火・着火・爆発の危険性の有無である。

　密閉した空間に油が流出したとき、油の引火点、流出の状態（霧状等）、油の加温温度（高粘度油は80℃位に加熱していることが多い）着火源の有無を確認する必要がある。特に、暗渠等の閉鎖空間に軽質油が流れた時は、注意する（112頁、図資12参照）。

（３）透明の油

　灯油、軽油、タービン油等が流出した時、透明色のため水との識別が困難なことがある。更に油吸着材（PP 材）も白色のため油を吸着しているのか、識別しづらい事もある。このような場合、次の対処があげられている。

　・浮遊している油に食用色素の着色剤を添付する

　・吸着して変色する油吸着材を使う図２-４、 ２-５

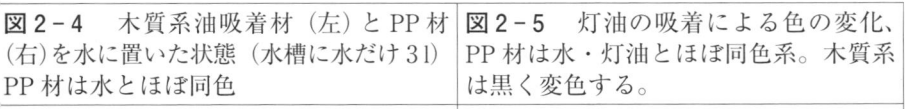

図２-４　木質系油吸着材（左）と PP 材（右)を水に置いた状態（水槽に水だけ31）PP 材は水とほぼ同色	図２-５　灯油の吸着による色の変化、PP 材は水・灯油とほぼ同色系。木質系は黒く変色する。

2. 情報伝達の確認

　水質事故が発生した時、油臭に気付いた市民からの通報が消防、警察、市町村に寄せられることも多い。

　事故発生からこの通報までと通報を受けて対策が取られるまでの時間は、被害の拡大防止・防除活動の開始の上で重要な意味があり、平時から関係者への連絡系を作り定期的に確認する必要がある図2-6。

図2-6　情報連絡系統図

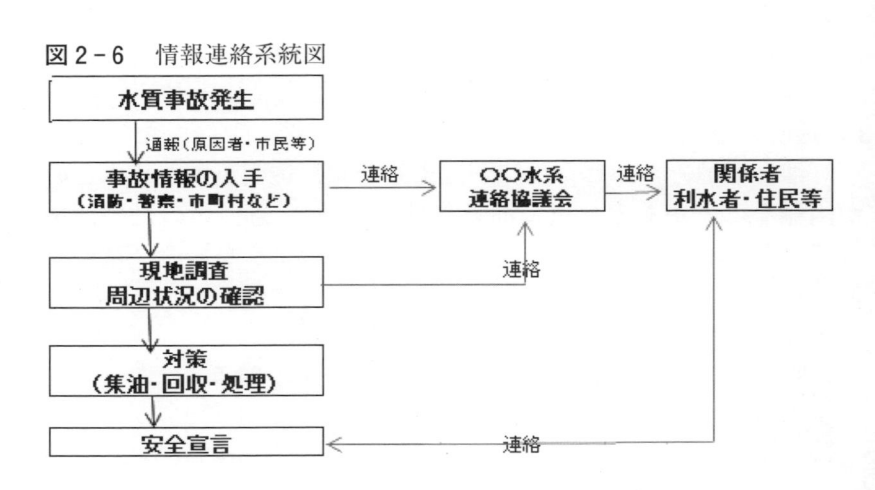

3. 河川油濁への対応

　河川に流出した油による被害は、海の場合と同様に、時間とともに汚染域を下流域に拡大して行く（海の場合は、潮流と風により拡大）図2-7。その程度は油種・油量・季節・地域により様々である。水道の断水、農業・漁業への被害、環境汚染など被害拡大を食い止めるために、担当者は（1）基本的な考え、（2）対応の責任、（3）情報等を把握していきながら初期対応を行う。

　初期対応とは、流出油を認知した直後に、油膜が見つかった水路等で有効な術を為し汚染範囲（被害）を局限する（拡げない）適切な活動で、簡易堰を速やかに設置して回収につなげること等を指す（後述

図 2 - 7

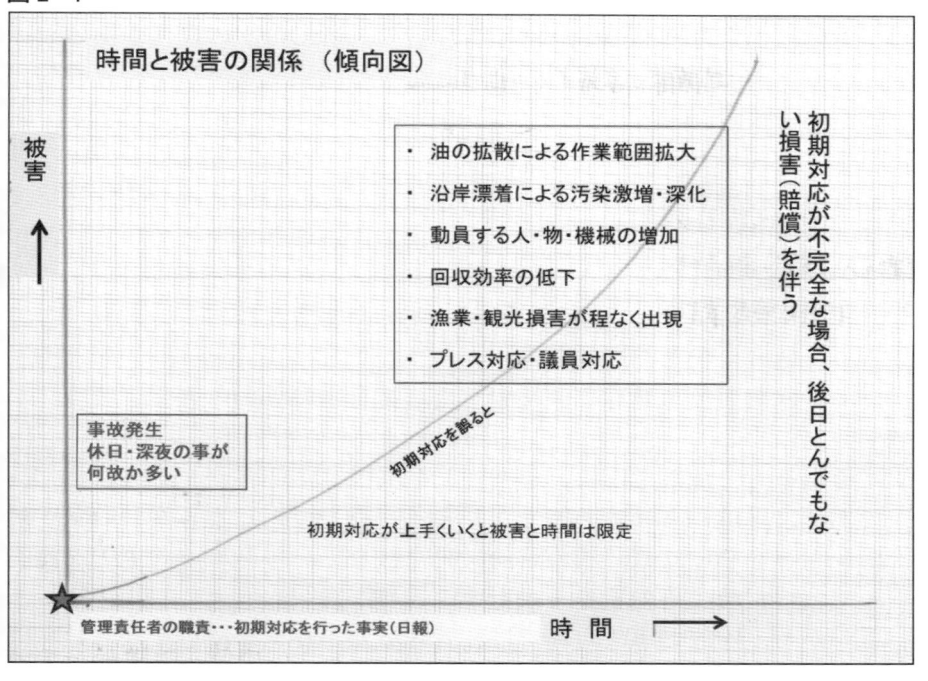

の図 2 - 8 参照)。

　適切な初期対応は被害の軽減につながり、不作為と不適切な対応は被害の拡大を招く。このことを肝に銘じて欲しい。

（1）基本的な考え

　国は、川に油が流入した時、その下流域に及ぶ被害を軽減させるため、

　①　流出源に近い水路等で油を回収すること、②　薬剤は使わないことを基本的な方針として指導している[6]。

　物理的に油を回収するためには、油吸着材、油回収装置等を活用することになるが、薄い油膜（通常 μ 単位）では効果が殆どない。そこで、1カ所に集油して油層厚を確保する必要がある（後述）。

（2）対応責任

対応にあたり、原因者と河川管理者の二者には次の責任がある。

① 原因者は、応急措置の実施と事故の届出（連絡）を行う義務がある※6。

② 河川管理者には、被害の拡大を防ぐため、速やかで的確な判断・行動が求められる。河川管理者が総合的に状況を把握対応する中で、次の費用は原因者に請求できることになっている（河川法第67条及び建設省通達）。

・業者に依頼した場合の処理に要した経費及び水質分析費

・処理に要した資材費等

・水質事故の処理に直接要した維持行為に係わる直接経費等

そもそも、油濁対応は、専門性、公共性、透明性が求められる作業であり、平時から相応の能力と使命感を持つ河川管理者が、監督・対応・指導しなければ、法の目的は果たせない。平時にその能力を涵養して、非常時にその職責を果たすことになる。

しかし、実際の事故現場では、管理者が不在、事故直後から地元の土木関連業者任せで薬散布等に終始した例も多々見かける。万が一に備え関係業者は平時に対応できる職員を育成しておく必要がある。

また、ある日突然、原因者となってしまうケースもあり、そうした非常事態でいきなり専門的ノウハウや公共的意識を求める事には無理がある。少なくとも、原因者には事故発生時タンクの油を別タンクに移す等の最低限の応急措置に併せ、市町村役場などへの速やかな通報が求められる。

※6 水質汚濁防止法 第14条の2第4項（事故時応急措置と届出）と消防法第16条3項2（製造所等についての応急措置及びその通報並びに措置命令）

（3）情報

事故発覚後、次の情報を把握・確認して、集油・回収の具体的対応を決める。

① 流出した油の種類と量（密度、蒸発特性等把握）

② 流出源、原因
③ 水路の幅、水深、流速（5ｍ間に草木を流し、その秒数を計測して算出）
④ 水温、気温、気象、風向
⑤ 下流域の地勢、取水位置、人家、水中生物
⑥ 相談できる専門家、信頼と能力のある業者
⑦ 簡易堰、オイルフェンス、油吸着材等の所在確認
⑧ 薬剤を散布させない

（4）机上演習

　過去の事故の教訓（11頁）を念頭にいれて、平時に**図2-8**に示す様な実例に即した机上訓練を定期的に実施する。

　地図上に流出源、最初の油膜視認位置、資機材の手配、資材の到着、展開等①〜⑥の項目を時間の経過を想定して訓練を実施する。（　）は時間の経過を示す。

① 通行人が油臭に気がついて市役所に電話連絡（00）
② 市役所環境部と消防が現場で調査開始（0030）
③ 流出源および原因発見。本流から1ｋｍ先水路全体に薄い油膜の確認（0100）
④ 対策の検討、原因者に油種等の確認、油の回収作業等を行う業者の確認と出動要請、漁連等に連絡（0120）
⑤ 応急措置、簡易堰3箇所設置（0130）
⑥ 専門家の確保と派遣、油吸着材による回収作業（0200〜）

　この机上演習を行うことにより、実地訓練とは違った資機材の所在、搬入、現場での運用、人材等の実情と全体像を理解することができる。

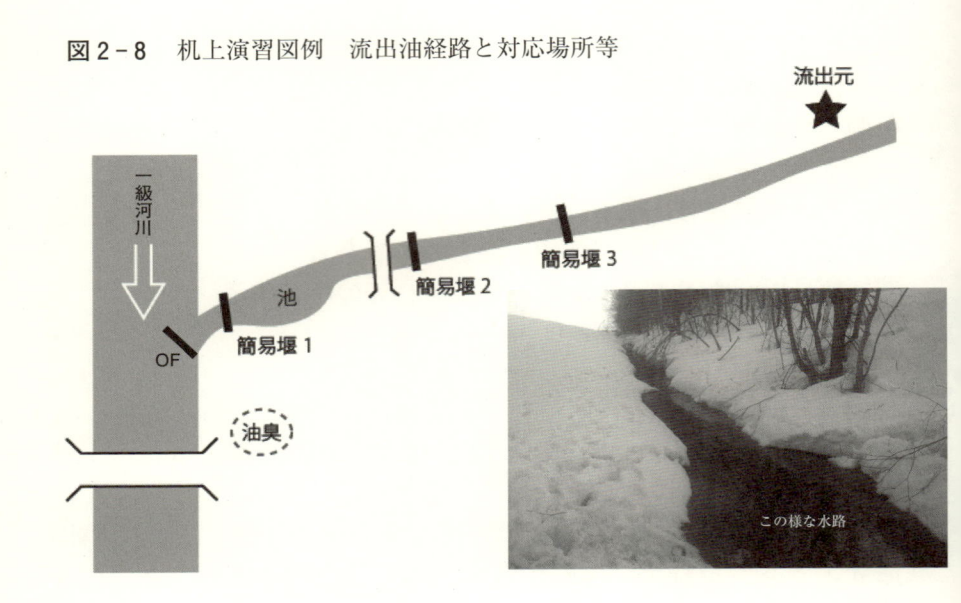

図 2 - 8　　机上演習図例　流出油経路と対応場所等

4．集油の必要性

　　川に油が流入すると、水面に油膜が拡がる。その厚さは通常数マイクロメートル単位に過ぎない。この様な薄い油膜では回収が殆どできないため、オイルフェンス等を展張して特定の場所に油を集め（集油という）油層を厚くする必要がある。その目安は油層0.25mm 以上である。この数値は過去の調査研究と実際の実経験から分かった油吸着材の吸油境界値で、これより薄いと油吸着材は吸着せず、他の方法でも殆ど回収できない[7]。

　　この0.25mm は、識別表 A～E **表 2 - 2 ※ 7** の A ランクの100倍以上の油膜厚を示し、目視でも相当濃い油膜である。この油膜厚を確保する為に緊急に簡易堰やオイルフェンスを設置し、回収可能な状態を作らなければならない。

※ 7　　この表は、昭和40年頃海上保安庁が巡視船、航空機を投入し八丈島沖合で A 重油の拡散実験を行い、その成果を「油膜厚さ・油の量・識別 A～E）としてまとめたものと言われているが、現在その原本は見当たらず、この表だけが様々な資料に引用されている。

図2-9　A重油流出
（表4-1　NO64）

川幅2.5m、流速20cm/s（目測）。万国旗型油吸着材（58頁参照）を3列設置、上流側（右）で、ロープに沿って表層流が止まり集油され少しは吸着されている。しかし、油吸着材で回収されない油が殆どの状態。何れも油膜厚の識別はAランク（表2-2参照）。

表2-2　油膜の外見による油膜厚さ・油の量（A重油の場合）※7

油膜厚（μm）	油量（l/km^2）	油膜の外見・状態	識別ランク
0.05	50	光線の状態が良い時に、かろうじてキラキラ光る油膜が見える	
0.1	100	水面がギラギラ光って見える	E
0.15	150	水面がほんの少し褐色に色づいて見える	D
0.3	300	水面に明るい褐色の帯がはっきり見える	C
1.0	1,000	油膜がくすんだ褐色を呈する	B
2.0	2,000	油膜の色が黒ずんで見える	A
250	25,000	油吸着材が吸油する境目　0.25mm	

注）μ（マイクロ）：基礎単位の10^{-6}倍（百万分の一）。　1μm＝0.001mm

5．油で汚染された土砂の扱いについて

　　川に油が流出した事例を調べると、田畑など土壌の油汚染を伴う事が多い。

　　この汚染された土壌の扱いについては、直接該当する法令はないが、環境省は各都道府県と政令指定都市あてに通知文書※8を送付している。この通知を根拠に事故が発生した時、地方自治体は原因者等に対して対処を求めている。その概要を①〜③に示す。

①廃油と汚泥と土砂とを極力選別を行った後に処理する
②廃油（油分を概ね5％以上含むもので廃油と汚泥の混合物と考えられるもの）については焼却処分が必要である
③汚泥（上記に該当しないものであって油分を含む汚泥と考えられるもの）については焼却処分が必要である

※8　昭和51年11月18日付け環水企第181号・環産第17号通知「油分を含むでい状物の取り扱いについて」

第 3 章
資機材とその運用

1．オイルフェンス（OF）

（1）経緯

　1960年代、石油を大量に消費する社会に変化し、それに呼応する様に、大小様々な油の流出事故が海洋で頻発した。その対策として国は専門委員会を設置し油防除のため油回収船、油吸着材等の資機材の開発・検討を行いこれらの性能、寸法等及び備え付けについて法制化を行った。オイルフェンス（以下 OF）も後で述べるが、小型の A 型と B 型が検討されて、その結果、海洋で使う OF について各々の寸法、単体長さ、接続部構造等が法律※9で規定された。但し、回収効率や性能については具体的に触れられなかった。

　その後、河川でも油濁事故が頻発したため、これら海用の OF が使われる様になった。しかし、川は海と異なり、①波も潮流変化もない、②流れが一方向、③川幅が狭い、という特性がある。そこで、この特性に合った河川用（法の規定はない）の OF も作られるようになった。

※9　海洋汚染及び海上災害の防止に関する法律　第39条の3、施行規則第33条の3

（2）OF の種類

　OF は、海洋で使うことを前提に作られており、法律上 A 型と B 型の二種がある。各々の浮体とスカートの寸法、接続部の構造、単体長さ（20m）、強度等が前述の法で定められている。各部の構成は次の（3）で紹介する。

　また、①寸法、構造表3-1、②浮体等の違い図3-1、③後述のテンションベルト図3-5、3-6参照によって様々な種類がある。

　一般的に OF は、固形式、充気式、衝立式の3種に分けられる。固形式は円形断面の発泡スチロール、充気式は空気が浮力として使われる。

　イ．固形式：浮体部に円筒形の発泡スチロールを内蔵
　ロ．充気式：浮体部の気室に空気を注入（ブロワーで加圧して充気）
　ハ．衝立式：1枚の板の上部に発泡体を取り付けて浮力を確保

次に固形式、充気式、衝立式の長所・欠点等の特徴を**表3-2**にまとめた。

　河川で使う OF には法による根拠はなく、海洋用の A 型と B 型を又は河川用に作られた OF が使われている**図3-2**、**3-14**。

表3-1　寸法、構造面からみた分類（単位：cm)

呼称 （浮体径・スカート）	浮体	スカート	テンションメンバー	テンション
A 型（20φ×30）	固形式	フレキシブル	繊維ベルト	トップ
B 型（30φ×40）	充気式	非フレキシブル	ロープ	ボトム
河川用（15φ×20）	固形式、重量12kg、BT 型※10、接続はボルト、長さ10m（変更可）			
河川用（8φ×13）	空気式、重量2kg、BT 型、5本／箱、長さ4m毎に接続（アルミ金具）			

注）他に大型 OF として C 型（45φ×60）、D 型（60φ×80）等がある。

図3-1
　OF 断面図（単位：cm)
OF を大きさの面から分類。
左から2つ目は衝立式。

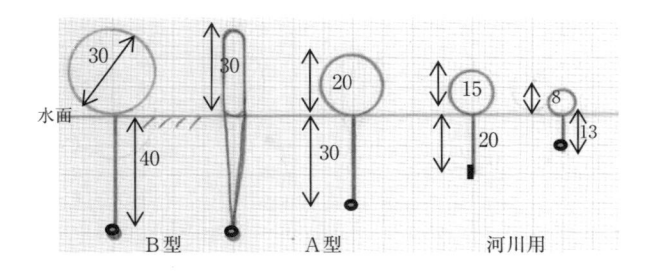

表3-2　固形式、充気式、衝立式の特徴（B 型20m で比較）

	固形式	充気式	衝立式
展張作業	簡単	充気等付帯作業が多い	簡単
安定性（浮力） 実浮力	良好 783kg	良好 1339kg	不安定（浮力不足） 76kg
少しの破損	問題なし	空気が漏れ沈没	問題なし
保管性	容積が充気式の６倍	固形式の１／６	良好
重量（TT 型）	72kg	74kg	82kg
川用として	問題なし		転倒しやすく不向き

注）実浮力とは総浮力から OF 重量を差し引いた重量、総浮力は OF 全体を水中に沈めたときの相応する真水の重量。

図3-2　河川用 OF 空気式一式（ミニパック図3-29参照）
浮体８cm φ、スカート13cm。
長さ４m、重量２kg、５本／箱、
接続ミニコン（アルミニウム板接続）。
BT 型（スカート下端にワイヤー）。

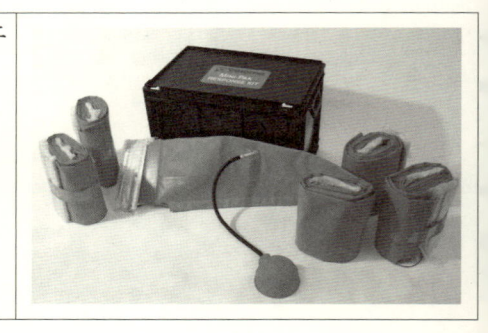

（3）OF の構成　図3-3 〜 3-6

①　OF 展張状態

　　OF は浮遊する油の拡がりを防ぎ、油の回収につなげるための資材で、一般的には、長さ20m 単位、幅50〜70cm のフレキシブルなゴム布地で作られている。水面で垂直に浮くように上部に浮体が、その下にスカート、下端部に付けられている金属の錘により形状が作られる。

図3-3 OF 単体（20m）展張状態	

図3-4 OF 単体（20m）展張図と主要部の名称	

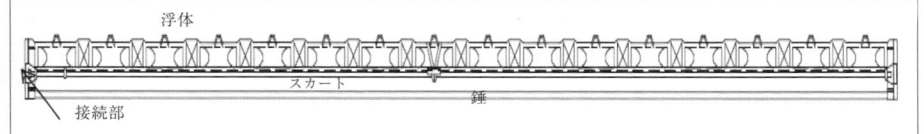

② 浮体部

　浮体部は、OF の浮力を確保し、水面の動きに追従する役割がある。

　固形式は円形断面の発泡スチロール、充気式は空気が浮力として使われる。

　B 型20m の場合、ϕ30×90cm ×16個の浮体が浮体部単体（20m）の）中に入っている図3-4。浮力が不十分又は流れが強くなると、両端のロープに作用する張力が増え、浮体が水面下に沈むことがある図3-7。

③ 浮上部

　水面から浮体上部までの高さで、フリーボードとも呼ばれる。堰き止めた油の乗り越えを防ぐ。

④ スカート

　浮体部の下から錘までの部分で、油の漏出、潜り抜け（後述）を防ぐ役割がある。固形式と充気式は、フレキシブルな布地で、衝立式は浮体部と一体の板状の材質が使われている。

⑤ テンションメンバー

　OF には水流による水平方向の強い張力が作用する。この張力を受ける部分がテンションメンバーで、テンションベルトとも呼ばれている。

　この材質として、布地のベルトやロープが使われるが、その取付

け位置は、スカート上部の場合（トップテンション図3-5：以下**TT**と呼ぶ）とスカート最下部の場合（ボトムテンション図3-6：以下**BT**と呼ぶ）がある。OFを2本以上接続する場合は、必ず接続部でベルトをシャックル等で連結しなければならない。

⑥　錘

　OFを展張した時、垂直に浮くようにスカート下端に、水比重より大きなチェーン等の錘が取り付けられる。

⑦　接続部

　一般的なOFは、20m単体を複数接続して使うことが多く、単体と単体の接続はフアスナーの連結とテンションメンバーのシャックル止めの2工程が伴う。OF端のリングには係留用のロープを結えるシャックルが取り付けられる。

⑧　アンカーポイント

　OFの中央部テンションベルトに、アンカーロープ、係留索を取るためのリング部が設けられている。このリングにロープをとり形状を作る。但し、河川用小型のOFには取り付けられていない。

図3-5　OFの構造と名称：トップテンション（TT）側面図

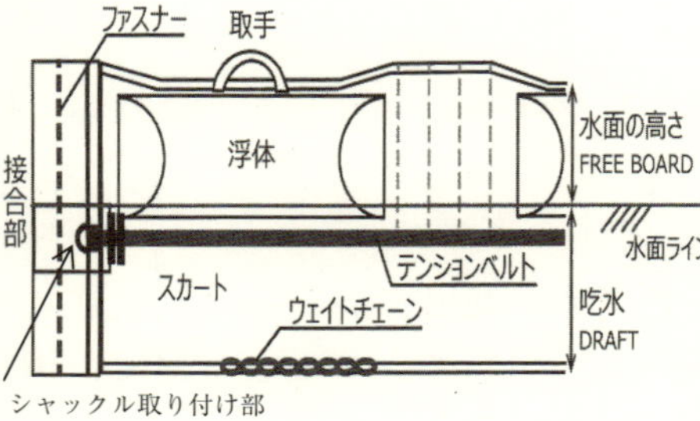

図3-6　OFの構造と名称：ボトムテンション（BT）側面図

T）側面図

（BT）側面図

ファスナー　取手

接合部

水面の高さ
FREE BOARD

浮体

スカート

テンションベルト

ウェイトチェーン

水面ライン

吃水
DRAFT

中央アンカー
取手

テンションベルト

シャックル取り付け部

シャックル取り付け部

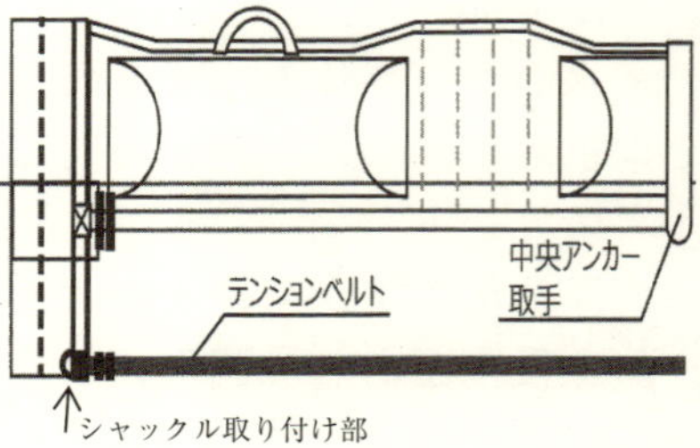

図3-7　流速90cm/sで（河川用 OF、BT 型15φ×20cm）、長さ10m 使用の使用状態
浮力不足により浮体が水面下に沈み、堰を作る。両端ロープ張力は強大となる（急流で一時的に堰として利用ができる）。

（4）OF の目的と展張

　OF の展張は、川幅が数 m 以上の時、流出油の堰き止めや誘導を行うことにより、下流の汚染拡大を食い止め、回収を容易にする事を目的としている。

　展張の手順は以下のとおり。

① 滞油性の良い OF を選択（BT 型を推薦、長さは川幅の1.5倍位）

② 流れに対し斜めに展張し、下流側に誘導・集油し回収拠点を作る※10

③ 回収作業等の行いやすい場所で展張

　OF 両端のロープの取り方、固縛、捩れのない展張は、訓練等で習熟しておく必要がある図3-8〜3-10。

　湖、ダム、池等流れのない静水状態では、ボートにより OF を U 字型に展張して油膜を囲み、地引網漁の様にゆっくりと両端ロープを引き寄せ集油して油吸着材等で回収するのが基本で、油は OF の U 字部の面に集まる。

※10　OF には強い張力が働き、川の両岸にロープを固定するのは非常に困難であり、油の流れに合わせ図3-8 の様に開口をロープ調節で行う[8]。

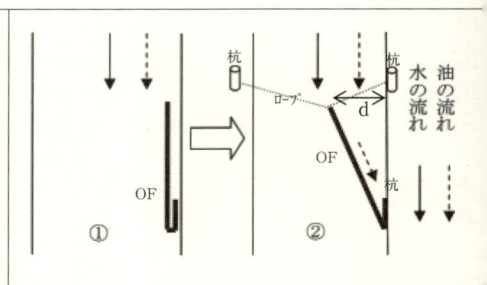

図3-8　OF の川での展張
① OF を折りたたんで準備し、短い方の端を杭に固定する。 ② OF の長い方の端を、水の流れを利用し開口部を広げてロープで杭に固定する。油は OF の V 型部に溜まる。

（5）滞油性能

　OF の滞油性能は「流れのある一定の条件下において、一定の質（粘度、比重）の油が単位長さの OF でせき止められる油量」として表わされる[9]。この滞油性能は、TT と BT では大きな違いがある。

　TT の場合、潮流が25cm／s 程で、図3-9に示す様にスカートが浮上して滞油性能をほぼ喪失するが、錘を重くすると浮上はその分収まる。

　BT の場合、同様の条件でスカートの浮上はなく、水流の分力が錘の役目をするため、錘は不要又は軽くすることができる。図3-7の場合水流が速くその下方への分力が浮体の浮力より大きかったことを示している。TT の OF を廃棄する時は、錘の金属、特に鉛は取り除く。

　図3-9と3-10は、2015年に横須賀で行った対比実験で、TT 型と BT 型の OF 各々60m を0.5ノット（約30cm／s）で U 字曳航したときの状態を示す。

　同様の状態は、川で OF を展張した時にも見られる。

図3-9　TT 型と BT 型の展張
TT 型のスカートが水流により浮上して滞油性を喪失している状態。
BT 型のスカートが浮上せず滞油性を保っている状態。

図3-10　TT 型と BT 型の流速による状態変化

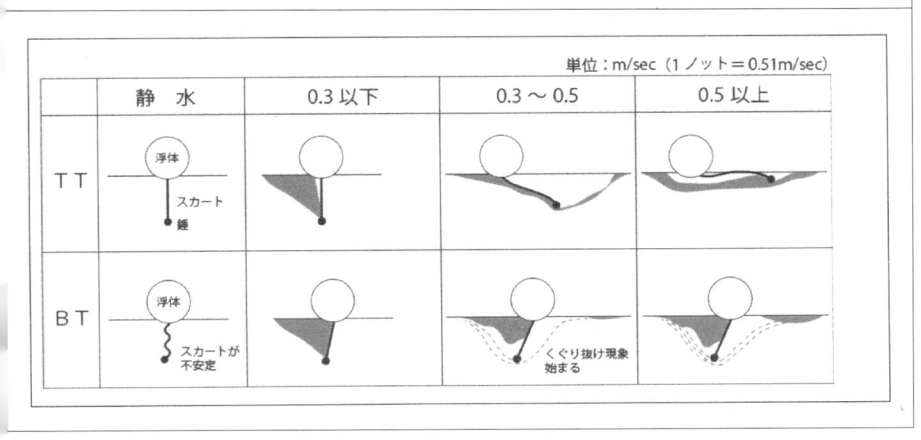

　　滞油性能は、スカートの水面下の長さ（d）で決まることから、流水によりスカートが浮上して水面下の長さが（d_1）になった時の有効喫水率は $d_1 ／ d$ で表わされる図3-11。

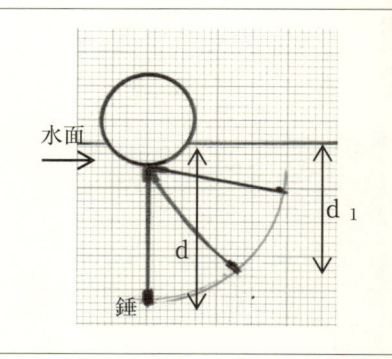

図3-11
有効喫水率 d_1 / d（滞油性能を示す）

水流が→方向に流れるとき、スカートの
浮上に伴い錘の位置も水面下 d から d_1 に
浮き上がる。

水面

d_1

d

錘

（6）潜り抜け現象

　OFで堰き止められた油は、水流が或る流速を超えると以下①と②
の現象が生じる。

①　油と水の境界面に波が発生する（界面波という）

②　境界面の油はちぎれ、油滴となってOFのスカートの下部から
潜り抜ける。これは「潜り抜け現象」**図3-12**、この時の流速は、
臨界流速（CV）と呼ばれる**図3-13**。

　潜り抜け現象は、CVが0.7ノット（36cm／s）位から観測され
避けられない現象で、そこで対策として以下の③〜⑤ことが行わ
れている。

③　油吸着材をOF内に投入して油のちぎれを抑制（ホールド効果）
図3-14、　3-15

④　OFを二重展張する。**図3-16〜 3-18**に示すように、OFの間隔
を変えて二重展張を行なう。展張間隔が2〜1mの時潜り抜け
の抑制効果が期待できる[10]。

⑤　OFを流れに対して斜めに展張する。**図3-13**は、流速が0.7ノッ
ト以上ある時、OFの斜め展張の角度とCVの関係を示している。
例えば流速が1ノット（51cm／s）と計測されたとき、図の ----
を辿って40度となり40度以上の角度で斜めに展張すると潜り抜け
現象を防ぐことが出来る。

図 3-12 潜り抜け現象
　流速が0.7ノット以上（OF が直角に水流を受けた時）になると、油粒がちぎれる（剥離）現象が起きる

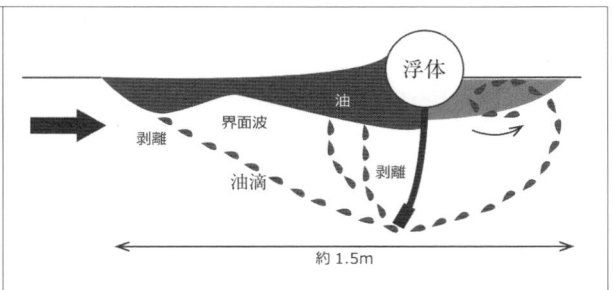

図 3-13
　臨界流速（CV）と斜め展張（角度）の相関図

水流に対し OF を角度を持たせて展張する、その角度は1ノット（51cm/s）の時40度、0.7ノット（36cm/s）では90度
（OF が直線に展張出来たと仮定した計算値をグラフにしたもの）
出典　World Catalog [11]

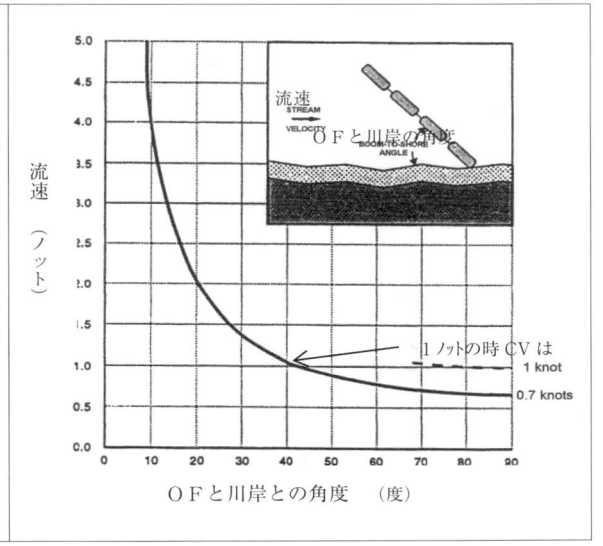

図 3-14　河川用　15φ×20cm×5m	図 3-15　A 型 OF を川幅に切断して使用
	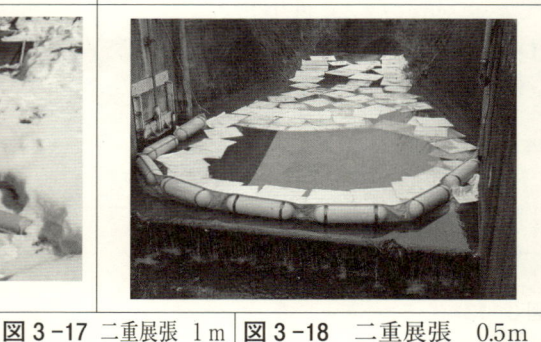

図 3-16　二重展張　2m	図 3-17　二重展張　1m	図 3-18　二重展張　0.5m
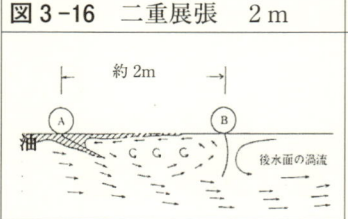	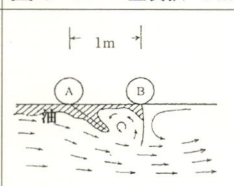	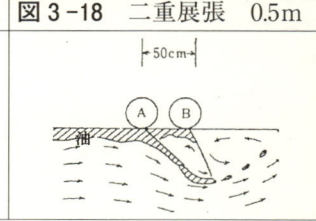

（7）OF に作用する張力とその影響

　OF を川で展張すると水流（U）による張力を受ける。この張力は OF のテンションメンバー（41頁⑤参照）が受け持ち、OF の両端に結えるロープを陸側の杭等に結索することで形状が維持される。川で OF を図3-19、3-8 の様に間口 d で展張した時、OF が受ける張力は間口の長さ d を流れる水流で決まる。海や湖では 2 隻の小型作業船で OF を U 字曳航する事が多く、間口 d と OF の長さ L との比 d／L は油の集油効率を決める要因の一つで開口比と呼ばれている。この時 OF に作用する張力は OF の長さでなく間口で決まるため、長い OF を U 字曳航する時は作業船の機関馬力の範囲内で開口比を調整する。開口比 d／L が大きいと張力（抵抗）が大となり、機関馬力の小さい作業船は曳航ができなくなる。

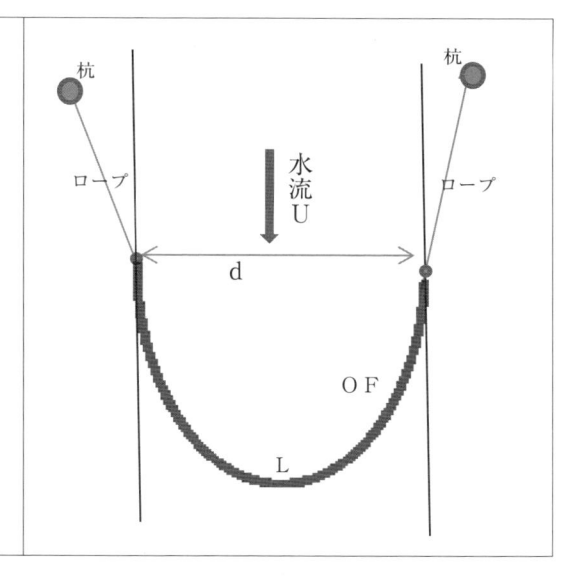

図 3-19　開口比　　　d/L
幅 d の川に O F を U 字展張
両岸の杭等にロープを結索

　　L：O F の長さ
　　d：間口（m）
　　U：水流（平均）

（図中のラベル）杭　ロープ　水流 U　d　O F　L

O F を流速 U の川で**図3-19**の様に展張すると、O F に作用する張力は次の式で計算される。

$$W_1 = 1 / 2 \cdot \rho_w \cdot C_D \cdot DR \cdot U^2 \cdot K_C$$

　　W_1　：　O F の間口 1 m 当たりの圧力（kg）
　　ρ_w　：　水の密度　（$= 1000 \mathrm{kg/m^3}$）
　　C_D　：　抗力係数　（$= 2.01 / 9.8$……kg 換算のため9.8で割る）
　　DR　：　オイルフェンスの喫水（B 型では0.4m、A 型では0.3m）
　　U　：　流速（m/s）平均流速
　　K_C　：　オイルフェンスの有効喫水率

（例）B 型固形式（BT）を流速 1 ノットで展張した場合は以下で示される。

$$W_1 = 1/2 \times 1000 \times 2.01 / 9.8 \times 0.4 \times U^2 \times 1.0$$
$$= 42.3 \times U^2 \quad （U が 1 ノット、0.514\mathrm{m/s}）$$
$$= 10.8 \quad （\mathrm{kg/m}）$$

従って、OF20m を開口比0.5で展張する時10.8（kg/m）×20×0.5＝108kg の張力となり、OF の両端に54kg の張力が作用する。

同じく、流速が0.7ノット（0.36m/s）の場合、$W_1 = 5.5$（kg/m）となる。

　同一条件で TT の場合、スカートの浮上により $K_C < 1$ となり張力値は小さくなる。

2．簡易堰

（1）目的
　事故発生の初期は、狭い水路に薄い A〜E の油膜（35頁**表2-2**）が流れるケースが多い**図3-20**。できればこの水路域で油の流れを食い止めたいものです。

　簡易堰は、①即応性、②シンプル、③集油が確実にできる事が求められる。簡易堰のタイプとしては、**図3-21**に示す様に二通り（仮に上堰と下堰と呼ぶ）あり、どちらか又は組み合わせで使われる。

　上堰は、オイルフェンスやV型堰、そしてコンパネ板を使う方法で、上堰を設置すると堰前面で表層流がとまり、流下してきた油が水面に集まり、厚くなった油は回収できる。この時堰の前後に数 mm〜数 cm の水位差もできる。この水位差は、川底の勾配、堰の喫水、流速と相関性がある。

　下堰は、水底に土嚢を積み上げる方法が一般的であり、表層流の流

図3-20 水路を流れる油 この油膜を棒線のラインで食い止めたい。	図3-21 簡易堰の型 ①上堰：水面を中心に垂直方向に浮かべる又はその位置で固定する。 ②下堰：水底から水面上まで土嚢等を積み上げる。
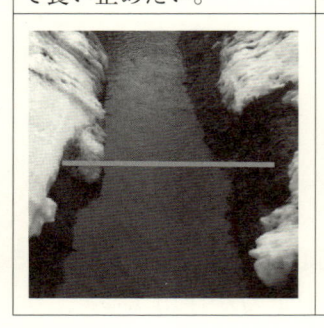	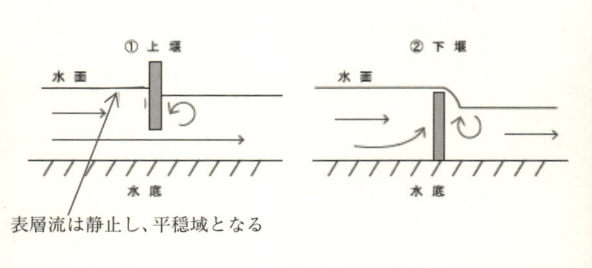 表層流は静止し、平穏域となる

速を弱めることができる。

（2）種類

① 土嚢

　土嚢による集油は、水路が狭く浅いときに適した方法で、全国の消防団等にその取り扱いに経験豊富な方々がいる。また、この簡易堰は、下堰となるだけでなく土嚢袋を図3-22、3-23の様に設置し底部にホースを差して下部の水を逃がすと上堰になる。

　ホースを入れない場合は、図3-21②の様になり、急流域で下堰の前面の流速を弱めることができる。

　しかし、土嚢には次の課題もある。

　　（イ）重労働で時間を要する（即応性に難）
　　（ロ）水路幅が広く水量が多い場合は不向き
　　（ハ）油の付着土砂は廃棄物扱いとなる
　　（ニ）水位変化等に継続的監視が必要

図3-22　水路に土嚢堰の設置 土嚢の下部に排水用塩ビ管設置	図3-23 土嚢堰 （**表4-1** NO55）

② コンパネ板等

　水路を流れる油膜を食い止めるため、コンパネ板等を上堰として設置する場合もある。状況に併せて1m間隔で多段に設置して流速を弱めて集油する。

　この手法は現在広く周知されているが、水路の底質が泥、石、コ

ンクリートの場合固定方法が杭（図3-24～3-26）、吊り下げ（図3-44）等それぞれ現場の状況に合わせる必要があるほか、水量の変化に追従できない問題がある。

　図3-24、3-25は、灯油7kl流出、川幅1.9m、水深0.5m、流速30cm／s（目測）の水路に1m間隔で堰を設置した例である。また、図3-26は　灯油700L流出、川幅70cmに木材を杭に固定した例で、上流側の堰前面に油が集まっている。

図3-24　コンパネ板の2段堰、 　底質が泥の為、板を一部側岸に押し入れて杭で固定する。1段目堰の前後に集油される。堰の前後に数cmの水位差が出来ている。油吸着材を集油部に設置。 　水は右から左へ流れている。 （**表4-1**　NO60）	
図3-25　コンパネ板の3段堰 　油吸着材を集油部に設置する。 　水は右から左へ流れている。 （**表4-1**　NO65）	
図3-26　木板による堰 　木板を水路幅に切って、杭で固定して堰を設置。水は上から下へ流れている。 （**表4-1**　NO79）	

③ Ｖ型簡易堰

　これまで紹介した OF、土嚢、コンパネ堰は何れも横に広がった「面」に集油される。そしてこれから紹介する V 型簡易堰は、上堰の状態で先端部に向けて「点」で集油する**図 3 -27**。

　木製の平板 2 枚を連結、その両端をロープ等で支えて V 字形に折って水路に浮かべる。一般的に水路は一間幅（1.8m）であることが多く、この幅に併せ三角形になる様に調整する。V 字型簡易堰を設置すると、水路の表層流に**図 3 -28**に示すように、筋波、平穏域、円運動の変化を生じ先端部に集油する[12]。川幅が 2 〜 4 ｍの場合は、V 型簡易堰を並列に設置するか、OF と連結して使用する**図 3 -29**。

　Ｖ型簡易堰の特徴を挙げる。

- ・一〜三段堰にできる（前述 OF の二重展張**図 3 -17**と同じ効果がある）
- ・軽く、即応性があり、数分間でセットができる**図 3 -30**
- ・流速0.6m ／ s 位までなら安定して浮く（0.6m ／ s 以上の流速では振れて不安定になる）
- ・薄い油膜を V 字先端部に濃縮して集油できる**図 3 -27**
  堰の喫水（水面位置）はその木材の比重値を示している（0.6位）。

図 3 –27 簡易堰（Ｖ字先端に集油、３段堰）
水は右から左に流れている。

図 3 –28 三段堰での表層流の状態
前述の水位差に応じた表層流の静止と円運動の動きが観察される。

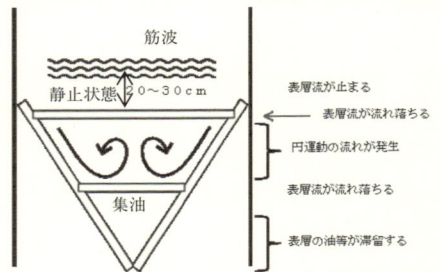

筋波
静止状態 20〜30cm
集油
表層流が止まる
表層流が流れ落ちる
円運動の流れが発生
表層流が流れ落ちる
表層の油等が滞留する

図 3 –29
Ｖ型堰と OF（空気式）の連結による集油

堰の右側の OF は河川用空気式（**図 3 – 2** 参照）
8 φ ×13×400cm。

図 3 –30　Ｖ型堰の収納、展開

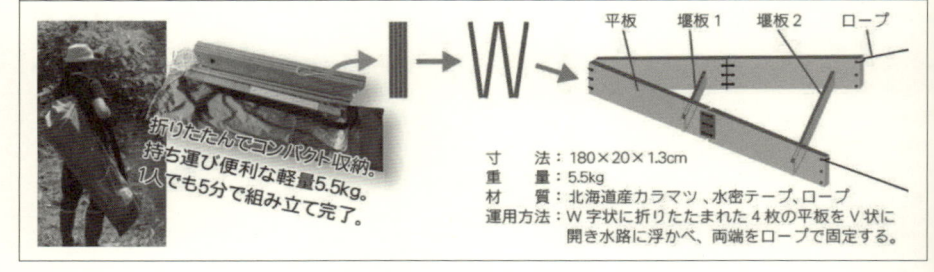

折りたたんでコンパクト収納。
持ち運び便利な軽量5.5kg。
1人でも5分で組み立て完了。

平板　堰板1　堰板2　ロープ

寸　　法：180×20×1.3cm
重　　量：5.5kg
材　　質：北海道産カラマツ、水密テープ、ロープ
運用方法：Ｗ字状に折りたたまれた４枚の平板をＶ状に
　　　　　開き水路に浮かべ、両端をロープで固定する。

3. 油吸着材

（1）使用目的

油吸着材は、水面に浮いている油を、素材に吸着又は付着させて取り除くために使われる。

（2）材質

油吸着材は、親油性、浮揚性そして疎水性のある細い材質が重要である。

素材としては、化学繊維図3-31のほか植物繊維（図3-32、3-33）が用いられ、繊維はランダムに絡み合わされている。油はこれらの素材間の空隙に毛細管現象により吸油される。

素材が化学繊維の場合、その吸油性は、素材の種類、太さ、組成、添加物にもよるが、空隙の大小は大きな要因である表3-3。

<u>空隙が大きい場合</u>
- ・低粘度油では、空隙内への浸透速度が速いが（秒単位）、油吸着材を吊り上げると容易に漏れる
- ・高粘度油は、空隙内にゆっくりと入り、油吸着材を吊り上げても漏れは少ない又は漏れない

<u>空隙が狭い場合</u>
- ・低粘度油は、空隙内への浸透速度が速く、油吸着材を吊り上げても漏油は少ない又は漏れない
- ・高粘度油は、表面に付着するだけで空隙内に吸着されない

表3-3　油の吸着・保油性と空隙の関係

		空隙大	空隙狭
低粘度油 （灯油、軽油、A重油等）	吸着性	○	○
	保油（漏れ）	×	○
高粘度油 （C重油等）	吸着性	○	付着するが吸着しない
	保油（漏れ）	○	――――

① 石油高分子体

　ポリプロピレン（PP）、ポリエチレン、ナイロン等の石油高分子体を数十マイクロメートルの細い繊維状にしてそれらを組み合わせて作られている**図3-31**。

　油はこの繊維間の隙間（空隙）に吸着・保油される。その量は自重の10〜20倍になる。成形された油吸着材の色は白色である。この油吸着材が油を吸着するとA重油等の場合黒色に変色するが、灯油等の場合色の変化が少なく見極めづらいことがある**図2-5**。

　近年ナノ繊維（太さ0.01μmϕ）で作られた油吸着材も開発されている。

図3-31　PP材の顕微鏡写真（50倍）
繊維間の空隙に油が取り込まれる。
繊維の太さ平均40μmϕ。
写真は三井石油化学㈱からの提供

② 植物繊維

　綿、ピート（泥炭）、木材等を素材に短い繊維に加工して絡み合わせ、ネットに包む※13などして油吸着材として使用されている。油はこれら細い繊維に、タオルが水を吸うようなかたちで、自重の10〜30倍着される。成形された油吸着材の色は灰色である。この油吸着材が油を吸着すると灯油や軽油の場合黒色に変色する特徴がある**図2-5**。

　図3-32、3-33は、木材（トドマツ）をチップ状に裁断、蒸煮・繊維状にして炭化させたものの顕微鏡写真である。トドマツの炭化された仮道管※14が、多孔質の繊維となって軽質油の吸着・保油性を良好にしていると考えられている。後述の**図3-37**（61頁）は、A重油をこの油吸着材に吸わせてから持ち上げた状態で、油の滴りは殆どない。

※13　ネットはPPで作られ袋状になっている図3-37。

※14　針葉樹の組織構造は、95％が仮道管でできている（樹木の樹皮近くの仮道管は、根から水等を梢に送る為の細い空洞管、広葉樹では道管と呼ばれる）。炭化により、疎水、親油の性状に変化する。

図3-32　植物繊維の顕微鏡写真(40倍) 繊維の状態。	図3-33　植物繊維の顕微鏡写真(1000倍) 炭化した多孔質の仮道管繊維表面。
	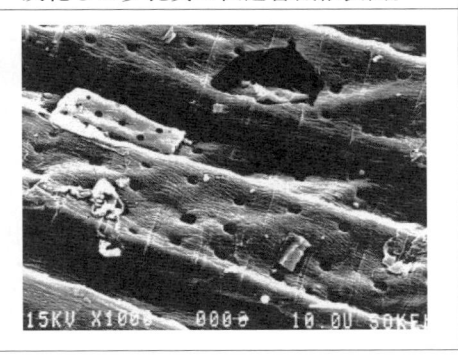

写真は㈱タナカ商事からの提供

③　無機物

　無機物としてはパーライト（沢山の穴が内外に空いた「軽石」）、グラスウール、火山岩、ひる岩等の鉱物が挙げられ大量に安価に得ることができる。回収率は、重量比で4〜20倍と良好だが、汚染された廃棄物の処理が面倒な事もあって一般的には使われていない。

（3）形状

　油吸着材の形状は、シート型、ロール型、万国旗型、オイルフェンス型、吹き流し型、ボンボン型等があり、前述の植物繊維やPP材等で成形される図3-34。

①　シート型（PP又は植物繊維）

　　PPの場合、1枚の寸法は、一辺が50〜65cm、厚さは2.5〜5mmである。重量は50〜150g。

　　植物（炭化）繊維の場合、細断された繊維がPP製の袋の中に入っ

ている。1枚の寸法は38×55×3 cm位が普及している。

② ロール型（PP）

シート型に裁断せずに長尺のまま使用するもので、連続して展張することができる。重量は1箱当たり5〜20kgと様々。

③ 万国旗状（PP又は植物繊維）

前述①のシート状の一端を細索に固定したもので、使いやすく、使用後の回収も容易であるがやや高価。

荷姿は、PPの場合ダンボール箱に6.5m×4本、13m×2本、計52mが、植物繊維の場合は箱に4 m×5本が入っている。

④ オイルフェンス型（PP又は植物繊維）

油吸着材をオイルフェンス状にしたもので吸着フェンスと呼ばれている。

⑤ オイルスネアー

細い帯状PP材でポンポン状のスネアー図3-34を作り、15m のロープに30個を取り付けている。超高粘度油（エマルジョン）の絡め捕り用で、自重の60倍回収の実績がある。

⑥ 吹き流し型

細い糸状の材束（PP又はポリエチレン）が10m のロープに40〜100束で取り付けられている。

図3-34　油吸着材の様々な形状

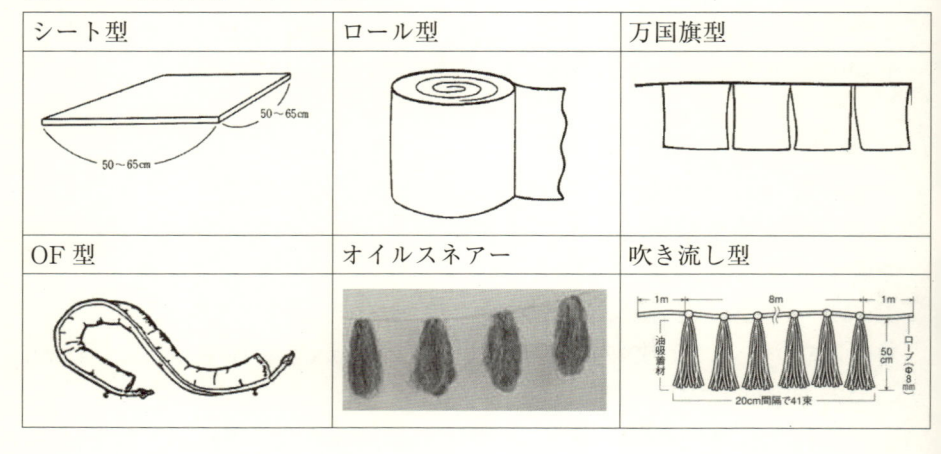

（4）吸油性能など

　油吸着材に求められる吸着性能としては、保存性、吸油性、非吸水性、形状安定性、浮沈下性、耐油性、回収容易性、無毒性の8項目があり、各々基準・試験方法が定められている**表3-4**。

　吸油性については、B重油を試験油に6g／g以上である事が求められ、次の式で計算される。

吸油性 $= (Ss - Sw - So)/So$

　　Ss：飽和状態の油吸着材、油分、水分を含む合計重量
　　Sw：水分の重量
　　So：油吸着材の初期乾燥重量

表3-4　吸着性能8項目の基準と試験方法（要旨）

試験項目	基準	試験方法等
保存性	軟化、硬化がないこと	$-20℃\sim+66℃$、72時間
吸油性	6g／g以上、0.8g／cm³以上	10cm×10cmの試験片を20℃のB重油に浮かべて5分静置、その後17mmのメッシュの金網上に5分静置の後重量を測定
非吸水性	1.5g／g以下、0.1g／cm³以下	吸油性試験と同様に試験片を20℃の真水に浮かべて5分静置、その後金網上に5分静置の後重量から測定
形状安定性	砕片化、分離、変形等のないこと	試験片を真水の入った試薬ビンに入れ、毎分120往復・振幅4cmで24時間水平振動を与える。
不沈下性	水面下に沈まないこと	
耐油性	収縮、膨張、溶解等のないこと	試験片をA重油、ガソリン混合油の入った試薬ビンに入れ72時間放置
回収容易性（重量試験・強度試験）	吸油後1枚が0.5〜3kgである	試験片を20℃のB重油に5分間浸漬し、その後金網上に5分静置の後重量を測定
	破断がないこと	油吸着材の単体の任意の一端からフックで吊し重量試験で算出された最大重量の2.5倍の荷重を3分間かける
無毒性	シアン化水素の発生0.8mL/g以下	加熱燃焼試験

注）正確な表現は海洋汚染及び海上災害の防止に関する法律施行規則第33条の3
　　第2項三、及び「船用品型式承認要覧」に記載

（5） 薄い油膜の場合

　油吸着材は、**油層厚が0.25mm 以上**の時に油を吸着する。これより薄い油膜では大量の油吸着材を投入しても殆ど吸着せず、アメンボーの様に水面に乗っただけの状態となるため、まず集油して油層厚を厚くする必要がある（34頁、第2章4集油の必要性で紹介）。

（6） 油吸着材の性質と使用方法

① 　PP 製の油吸着材は、横から吸油され、表面からの吸油は少ない、漏出も表面からは少ない又はない。この理由は、油吸着材の製造過程で表面がローラーにより軽く熱加工されるため、表面の繊維が密になっている事に由来する**図3-35、3-36**。

② 　植物繊維が素材で微細な沢山の穴（仮道管）を有する油吸着材は、この穴に油が吸引されて留まると推定され、油の滴りは殆どない**図3-37**。

③ 　油吸着材は簡易堰、OF による集油に併せ活用する（第2章4. 参照）

④ 　OF と油吸着材を併用すると、油の潜り抜けを抑制する効果がある（第3章1 （6）③参照）

⑤ 　油吸着材は飽和状態に吸油した時吸着現象は止まる、この時速やかに油吸着材を回収する。放置すると**図3-38④**に示す様に油を放出して新たな流出源となる。

⑥ 　シート型**図3-34**は、吸油した後見失うと厄介なことになるため必ず速やかに回収する。岩の間などに入り込むと長期間油膜源となる。

⑦ 　灯油、軽油、ジェット燃料等の透明な油の吸着については、木質系油吸着材は色変化があり識別しやすい（29頁**図2-5**）。

図 3 -35　油の吸引（A 重油） 油は横から吸着され面で保持、面からの吸着は少ない。A 重油は茶色に変色するが、灯油等の白油の場合、吸着による色の変化が少ない（図 2 - 5 参照）。	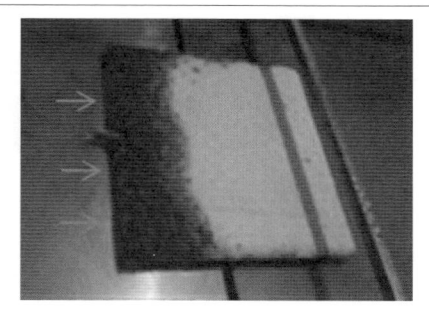
図 3 -36　A 重油の滴り（PP の場合）	図 3 -37　A 重油の滴りが殆どない（木質系油吸着材の場合。図 3 -32参照）。

（7）実際の使用例

　流出油現場で実際に油吸着材（PP）を使用すると、油種、油層厚、油吸着材の種類等により、図 3 -38に示す①～⑤の様な事例に遭遇する。

　理想は、①の飽和状態で、油吸着材が十分に油を吸収した時である。しかし、そのまま放置しておくと、逆に油を放出し④の状態になる。したがって①の状態で早期に油吸着材を回収することが肝要である。

図3-38 実際の使用事例

		状　　　態	備　考
①	油吸着材内部まで充分に油を吸着している		A重油等軽質油
②	油吸着材の表面には付着しているが内部に殆ど吸着されず真っ白のまま		C重油、エマルジョン図2-3等高粘度油の時
③	油吸着材の表面に所々茶色の油の痕跡が残る程度、又は全く油の痕跡がない		油膜が薄い時（0.25mm以下）
④	①の状態を放置すると油が放出し、新たな油濁の源になっている		油を吸着後、速やかに回収せずに放置した時
⑤	油吸着材が溶けて油と共にドロドロ状態になっている		困った事例

4. 回収装置

(1) システム化

　OF、堰に溜まった油をポンプや油回収装置で回収する時は、一緒に回収される水を少なくする必要がある。

　油水分離は、図3-39に示す様に、システム化して行われている。その概要は以下の通りである。まず、集油部から吸引した油水を分離タンクに導き、油と水を分離しタンク下部から水を集油側の川に排水する。一方でタンク上部に溜まった油は別タンクに移す。

　排水を行わないと、以下の問題が生じるため、この作業の重要なポ

イントとなる。
- ・タンクが短時間で満杯になり全体の作業が停止
- ・川には大量の油が残されたまま
- ・廃棄物処理場への運搬量が過大になる
- ・費用がかさむ（例えば、原因者に不合理な負担を強いることになる）

　廃棄物処理場では、持ち込まれた油水について、全てをそのまま火炉で焼却、又は油分が基準値※15より少ない油水は下水に排出し、基準値より高いものは焼却するのが一般的である。ただし、これらを燃やすには化石燃料を必要とし、水が多いと流出量に匹敵又はそれ以上の燃料、経費が必要となるため注意が必要である（燃焼ガス、大型運搬車のガス排気も伴う）。

※15　水質汚濁防止法による油分の排出基準は5 mg／lとなっているが、より厳しい基準を条例で定めている地方自治体もある

図3-39
回収システム概念[13)]

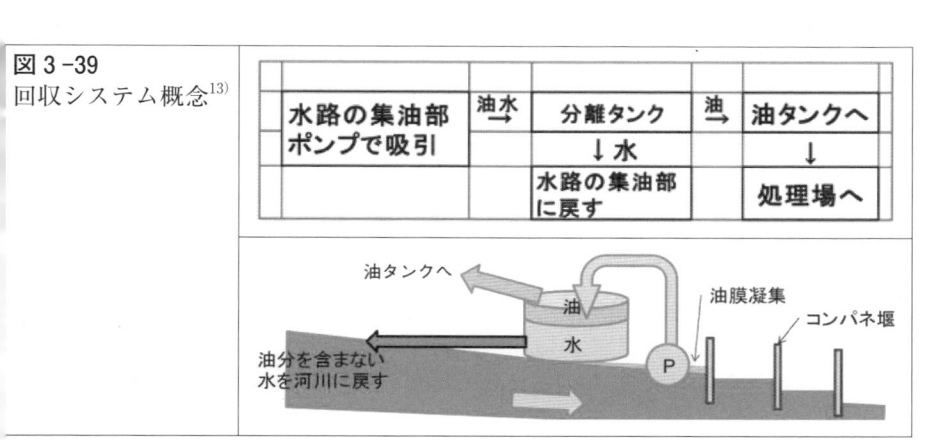

水路の集油部 ポンプで吸引	油水 →	分離タンク	油 →	油タンクへ
		↓水		↓
		水路の集油部 に戻す		処理場へ

（2）回収装置（スキマー）の種類

　回収装置には、堰式、回転式（円盤又はドラム）の二種類がある。また、これらを運転する上で回収した油を入れるタンクも必要となる。

① 堰式図3-40

　水面に浮く油を水面下に位置する吸引部で吸い込む。そのため薄い油の場合、油の比率は少なく、大量の水（90％以上）が回収される。したがって、必ず分離タンクで油水分離する必要がある。長所は構造が簡単で安価なこと。

② 回転式（円盤式図3-41、3-42とドラム式図3-43）

　回転体に付着した油を装置内のスクレッパーで掻き落として回収するため図3-42、水は少なく90％以上の油分で回収できる。

図3-40 　堰式回収装置 90％以上が水で回収され、油はごく僅かである。	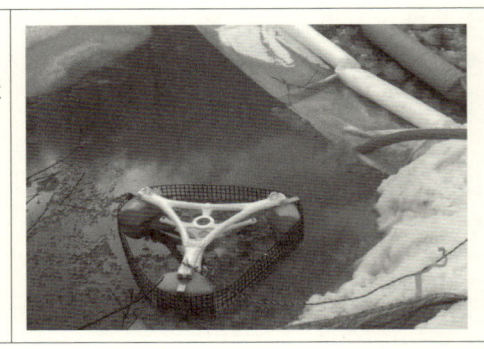

図3-41
　回転円盤式回収装置（AC100V）、Ｖ型簡易堰、回収油タンク（1kl）

図 3 -42

回転円盤式回収装置

    スクレッパー ──

（円盤の両面に付着した油をかき落

  す、油はポンプで送り出す）

    円盤4枚

    回転方向 ──

    （時計回り）

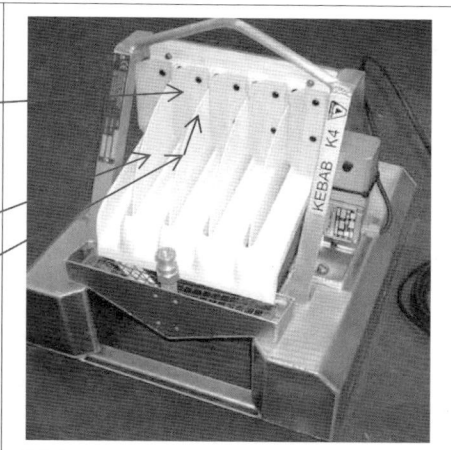

図 3 -43

ドラム式回収装置

 円筒形のドラムを回転させ、表面
に付着した油をかきとる装置。

（3）その他（汎用機器等の応用）

　大量の高粘度油の場合、強力吸引車図3 -44、バキューム車の活用が
出来る場面もある。しかし、揮発性のある油種では危険であり、使用
に当たっては専門家（メーカー等）の意見を確認する必要がある。

図 3 -44

強力吸引車による回
収、コンパネ板による
簡易堰（吊り下げ式）
の前面に溜まった油を
吸引している。

（**表 4 - 1**　NO47）

5. 薬剤

薬剤としては、粉末ゲル化剤と油処理剤があるが、その使用に当たっては「海洋汚染及び海上災害の防止に関する法律」により厳格な技術上の基準と国による使用基準が定められている※16。但し、この法律は海が対象で河川には適用されず、川での薬剤使用については、法規上は未整備のままになっている。

ゲル化剤の川での使用については、油吸着材に似た油の回収であり問題は生じてないが、油処理剤は、回収ではなく油を川の中に分散させるため、海洋と条件が大きく異なり※17避ける様に指導されている。

このような指導にもみられるように、流域に広い範囲で直接影響が及ぶ河川において、海洋よりも薬剤の選択と使用に関して明確な基準を設けるなど早急な対策が望まれる。

※16　薬剤は、運輸省令（平成12年12月22日省令第43号）で油処理剤と油ゲル化剤に限定される。その使用についての法条文は次のようになっている。

第四十三条の七　油又は有害液体物質による海洋の汚染の防止のために使用する薬剤であって国土交通省令・環境省令で定めるものは、国土交通省令・環境省令で定める技術上の基準に適合するものでなければ、使用してはならない。

2　前項の薬剤は、その用法に従い、当該海洋の汚染状況及び当該海域の状況に応じて、適切に使用しなければならない。

第五十七条　第四十三条の七第一項の規定に違反して、薬剤を使用した者は、五十万円以下の罰金に処する。

第五十九条　法人の代表者又は法人若しくは人の代理人、使用人その他の従業者が、その法人又は人の業務に関し、第五十五条から第五十八条までの違反行為をしたときは、行為者を罰するほか、その法人又は人に対して、各本条の罰金刑を科する。

※17　海洋での油処理剤の使用について、国は昭和41年から国際条約を背景に委員会などで検討を重ね、法律で規制するとともに使用で

きる海域、水深、潮流等の基準を作り通達で周知している。川の場合その様な背景もなく、大事故もなかったためか、検討はなされていなかった。 平成21年の『水質事故対策技術（改訂版)』[6]（後述）の中でも油処理剤使用について使わないことが指導されている。

（1）粉末ゲル化剤

　油等をゲル化（ゴム状に凝固）させ流動性をなくする粉末の薬剤で、高分子ポリマーを主材料に添加剤（安定保存等の為）が混合されている。高分子ポリマーは油分に接すると油を組成内に封じ込めて流動性を制限する性質がある。その結果、油を捕捉する機能及びネットワーク形成機能（分子間の絡みつき）が作用してゲル化油が生成される**図3-45**。油に散布するとゲル化し、手で掴み取ることもできる状態になる。しかし、粉末のまま散布すると油と会合しなかった粉末はそのまま残り**図3-46**飛散するため、一般的にはチューブ状、マット状の袋の中に粉末を入れて油吸着材の様に使用される**図3-47**。液状ゲル化剤は現在生産されていない。

　ゲル化する事で軽質油、ガソリン等の可燃性ガスによる引火性を抑制する効果もある。

図 3 -45　ゲル化の原理	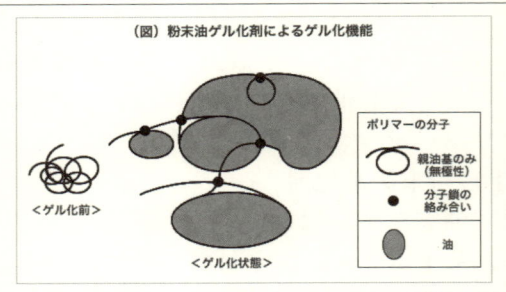
図 3 -46　ゲル化した油 　油と会合しなかった白い粉末はそのまま残っている。	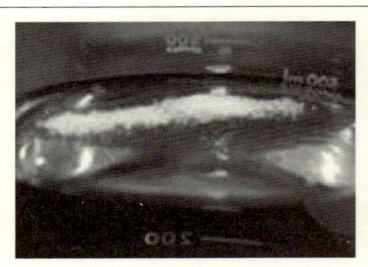

図と写真は㈱アルファジャパンの提供

図 3 -47　粉末ゲル化剤と製品

粉末ゲル化剤	チューブ状	マット状
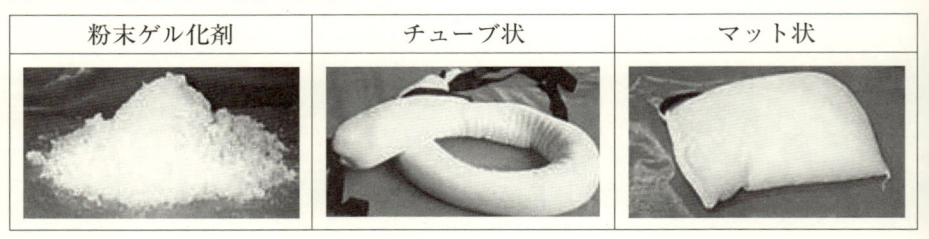		

（2）油処理剤

①　目的と仕組み

　油処理剤は、浮遊する油を水中に粒子にして分散させるのが目的で、油を分解したり、毒性をなくしたりする働きはない。

　油処理剤は、石けんのように水と親しい部分（親水基）と油に親しい部分（親油基）の両方をもつ界面活性剤と溶剤で構成された物質である。石けんが油汚れを落とすのと同じように、界面活性剤の

親油基が油に、親水基が水にくっつこうとすることで油を小さな粒にして微生物などによる分解を助けている。しかし、微生物が分解できるほど小さくなった油の粒とはいえ、油は毒性をもったまま他の生物に取り込まれてしまう可能性がある。一方の溶剤についてはその成分が問われているが、企業秘の事が多く公開されていない。

② 現状

河川で流出油処理のため使用されている薬剤が、「中和剤」又は「油分散洗浄剤」と呼称されて散布される事例はしばしば見聞し、公文書にもそのように記されていることが多い。これらは、灯油・軽油、油種不明の流出現場で使われ、消防署や地方自治体、港湾管理者の倉庫にも在庫されているのを目にする。

また、現場においてその薬剤の散布業者は、油を超微粒子に加水分散する、又は加水分解すると効果を説明していることがある。しかし、それらの組成を調べると界面活性剤と溶剤で、所謂油処理剤である。つまり、海での使用が禁止される可能性が大であるのが現状で、今後の課題といえるのでこの場で取り上げた。

しかし、国土交通省は、『水質事故対策技術（改訂版）』[6]の中で、「……油処理剤の添加は、油が分散することで、事故による影響が広範囲に及ぶ恐れがあるため河川では行わない」旨記述している。また、油処理剤メーカーからも油処理剤を川で使わない様にネットでも呼び掛け図3-48、更に訓練や講習会でも使用できない事が説明されはじめている。

そのため、最近では河川での油処理剤の使用は全体的には収束の方向に動いていると思われる。今後の動向に注目したい。

図 3-48 油処理剤メーカーの HP

Q 油処理剤は、川や沼・湖・ダム・田んぼなどで使用できますか？
A 使用できません。
　閉鎖水域である沼・湖・ダム・田んぼでは油の拡散が期待できません。油処理剤は海面に撒くのを前提で作られた製品です。流れのある川でも水深が浅いため油が川底に沈みこむ恐れがあるので使用しないでください。河川での油の処理は、流れの緩い場所でオイルフェンスを展張し、吸着マット等で回収して下さい。（油処理剤メーカー　テスコのホームページから平成20年の記述）

---

③　基本的な考え

　油処理剤は、海洋では一定の条件下※18散布されるが、河川や湖での使用については法律と通達等では触れられていない。しかし、前記の理由から選択肢に入れるべきではない。海洋で使われる油処理剤は、前述（66頁）の省令で定める技術上の基準に適合するものに限定され、それ以外の散布は法律により罰則を以て禁じられている。型式承認は、技術上の基準に適合していることの「証明済み」ということができる。

※18　運輸省通達（官安第168号昭和49年8月）

　イ．油処理剤は次のいずれかに該当する場合を除き使用してはならない。

　（イ）火災の発生等による人命の危険等重大な損害が発生し、又は発生の恐れがあるとき。

　（ロ）他の方法による処理が非常に困難な場合であって、油処理剤により、又は油処理剤を併用し処理したほうが海洋環境に与える影響が少ないと認められるとき。

　ロ．次のいずれかに該当する場合には、イ（ロ）に該当する場合であっても油処理剤を使用してはならない。ただし、特別な事情がある場合はこの限りではない。

　（イ）流出油が軽質油（灯油、軽油）、動物油、又は植物油であるとき。

　（ロ）流出油がタール状又は油塊になっているとき。

　（ハ）流出油が水産資源の生育環境に重大な影響があるとされた海域にあるとき。

　　以下省略

④　毒性について

　油処理剤の目的は油を微粒子にして、分散拡散させることで油処理剤自体の毒性は低く抑えられている。しかし、水面を浮遊する油と油処理剤で分散された油には、カメの甲のような形をしたベンゼン環の数や結合する位置の違いによる沢山の種類の多環方香族炭化水素（PAHs）が含まれている。PAHs は水中生物に発癌性、催奇形性、毒性など強い影響を残す事が知られている。欧州化学品庁

（ECHA）や米国環境保護局（EPA）では、毒性等の強い PAHs を厳しく規制対象としている[14]。日本でも PAHs に関する対応の検討の重要性が高まっている[15]。この観点から油処理剤の使用について評価しておく必要がある。

図 3 -48
米国環境保護局が規制する優先汚染物質 PAHs16種類

注)
CAS 番号は、化学物質を特定するための番号

物質名	構造式	CAS番号	物質名	構造式	CAS番号
ナフタレン		91-20-3	アセナフチレン		208-96-8
アセナフテン		83-32-9	フルオレン		86-73-7
アントラセン		120-12-7	フェナントレン		85-01-8
フルオランテン		206-44-0	ピレン		129-00-0
ベンゾ[a]アントラセン		56-55-3	クリセン		218-01-9
ベンゾ[b]フルオランテン		205-99-2	ベンゾ[k]フルオランテン		207-08-9
ベンゾ[a]ピレン		50-32-8	ベンゾ[ghi]ペリレン		191-24-2
インデノ[1,2,3-cd]ピレン		193-39-5	ジベンゾ[a,h]アントラセン		53-70-3

第 4 章
事例調査

平成年間に発生した河川での流出油事故は、数万件あると推定され、それらの殆どは小規模であるが、全ての事故を遡って詳しく把握することは難しい。

　しかし、特異性のあった事例は、国土交通省の資料[4)6)]や都道府県の資料、新聞記事、会社の報告書、ネット等に記録や情報が残されている。これらの情報と河川管理者（国交省、都道府県、市町村）、防除作業に携わった者への直接聞き取り等により知り得た92件について、その概要を表4-1にまとめた。この表からは次の事がわかる。

① 油種別図4-1
　　A重油42件、灯油19件、軽油12件、C重油4件、ガソリン、焼入油3件・ジェット燃料2件、原油・タービン油・アスファルト乳液・CSO（下水管に付着した油脂塊）各1件、不明4件。
　　一つの事故で2種の油が流出したとき各々を計上（例：タンクローリの事故で、ガソリンと軽油が流出したとき、ガソリン1件、軽油1件で計上している）。

② 流出油量
　　10kl以上が16件（最大64kl）。

③ 時季別図4-2
　　冬季間に多く発生（4月13件、11月11件、1月10件、3月9件、2月7件）、圧雪・落雪、ビニールハウスの暖房が原因となるケースが増えるためだろう。

④ 対応
　　OFと油吸着材は殆どの事例で使われている。油処理剤（中和剤と表示を含め）の使用が16件、自衛隊の出動が4件ある。

⑤ 原因別
　　工場のST ※19スイッチの故障、農業用ハウスの加温機と燃料タンクをつなぐ配管の異常、地下又は地上配管の腐食劣化、落雪による配管損傷、タンクローリーの横転事故、水害による工場冠水、海難による流出油が川を遡上等がある。
　　※19 ST（サービスタンク）のスイッチの故障による油タンクからの流出事故が多発している。工場内のボイラーや内燃機関で使用する燃料は、通常STから供給される。

ST 内の油面が低下すると、フロートスイッチが自動的に作動して、地下などに設けられる大容量の主タンクから自動的に ST に送油される。このスイッチが故障すると主タンクが空になるまで送油が続き、ST のオーバーフローパイプから地上に排出され、排水管等を通じて川に流れこむ。

⑥　ダム・湖の汚染

　ダム・湖の汚染は5例がある。内訳は、川からが3件、湖に直接が2件

⑦　被害

　水道取水停止、農業用水路や田畑の汚染、養殖場のイワナ等の川魚の斃死と油臭、住宅の汚染と油臭・住民避難、新幹線線路の散水（融雪用）用水の取水停止（**表4-3**、NO69の事例）、

⑧　事故の発覚

　住民から消防署、警察、市町村役場へ通報（油臭や川の油膜）のほか、原因者から市町村へ通報、公務員の巡回見回り等。

図 4 − 1 油種別件数	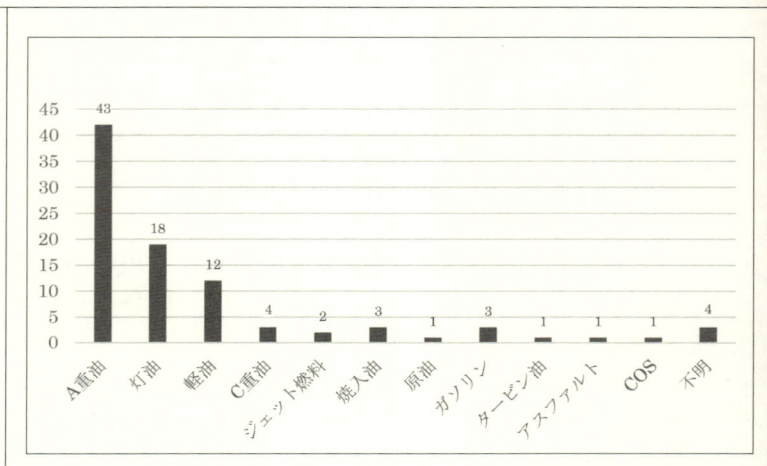
図 4 − 2 月別件数	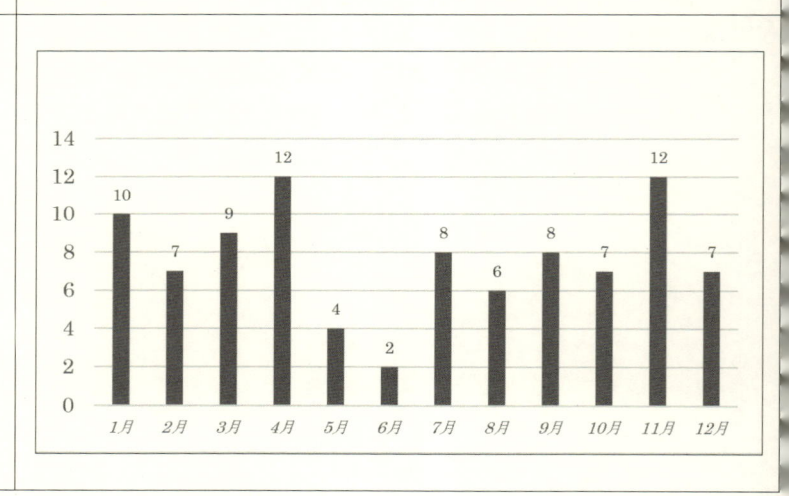

表4-1　事故の記録

NO	H	月	日	県 市町村 河川名	油種 量 kl	原　因	概　　要 状態・被害	①通報 ②使用器材など ③特記事項、情報元
1	2	4	17	岐阜 恵那市 木曽川	A 重油 2	配管工事中未接続のまま送油	簡易保険保養センター施設から側溝に流入し木曽川、丸山ダムへ及ぶ。水力発電機運転停止10時間。	①原因者から消防へ ②中和剤、　油吸着材、OF（2000m 以上使用）、作業員500名以上動員。 ③水質事故対策技術2001年[4]
2	2	7	3	佐賀 大町町 六角川	焼入油 64	豪雨 工場冠水	油は工場冠水により浮上し、水が引くのに伴い、家屋、水田、水路を汚染して川へ流れた。	①建設省（当時）職員発見 ②中和剤、凝固剤の他バキューム車を使って9日間作業 ③水質事故対策技術2001年[4]
3	3	1	7	奈良 奈良市 白砂川 （淀川）	A 重油 1.5	ST（サービスタンク）フロートスイッチ故障	農協地下タンクからSTに送油中、スイッチの故障によりオーバーフローして側溝に流出し白砂川に及ぶ。水道の取水が停止。	①原因者から市へ ②OF、油吸着材、5日間作業 ③水質事故対策技術2001年[4]
4	3	3		長野 福島町 木曽川	灯油 0.8	旅館の灯油タンク	福島町山間部。　タンクから八尺川へ流出し、川水は1km下流まで白濁状態になり、養魚場のイワナ、ニジマス50kgが斃死した。	②魚の油臭は4カ月残った防除の詳細不明、 ③長野県水産課で報告書作成[16]
5	3	5	31	大分 耶馬渓町 山国川	A 重油 2	製茶工場のパイプに穴	屋外の燃料タンクから工場に至るパイプに15mmφの穴（5年前にドリルで開けビニールテープで応急修理のまま）から水路を通じて川へ流出した。	①原因者から町へ ②中和剤、油ゲル化剤、OF、油吸着材 ③鮎数匹が斃死、水質事故対策技術2001年[4]
6	3	9	23	福島 天栄村 阿武隈川	灯油 11	STフロートスイッチ故障	窯業工場内STから排水溝を経由して釈迦堂川（阿武隈川水系）に流出した。	①原因者から町へ ②土嚢、油吸着材、OF、油汚染草刈、5日間作業 ③水質事故対策技術2001年[4]
7	3	12	20	新潟 新井市 長沢川	原油 8.4	温泉井戸掘削中、原油を含む地下水が噴出した	原油が10%混った地下水、30km先の直江津の河口まで油膜が広まった。	①原因者から市へ ②油吸着材、OF、巡視船、バキューム車、1450人動員、4日間作業 ③水質事故対策技術2001年[4]

8	4	3	21	岩手 室根村 大川	A重油 11	タンクロー リーが対向車 と衝突、川原 に転落、破損	破損箇所から流出した油 は大川の7km下流まで 流れた。5日間断水し 1万6千世帯と水産加工 場、ホテル、飲食店の活 動も麻痺状態となった。	①市民から警察へ ②川の堰止め、OF、油 吸着材、バキューム車、 24日間作業、自衛隊が出 動した。 ③水質事故対策技術2001 年[4]
9	5	5	31	福島 小名浜 諏訪川	C重油	タンカー海難	海上の漂流油が川を数百 m遡上した。油は川岸の 植生に付着、多くは川底 に沈殿した。	①市民から市へ ②消防車、OF、人海回 収 ③佐々木邦昭「タンカー 泰光丸」海上防災2016年 169号
10	6	2	16	広島 芸北町 才乙川	A重油 10	人工降雪機の 燃料管破損	スキー場側溝から川に流 出し王泊ダムに油膜を作 る。水道取水停止。	①原因者から保健所へ ②休耕田にピットを作り 油投入し油分離。自衛隊 出動（ダムにOF展張 等）、油吸着材、23日間 作業 ③県加計土木事務所作成 報告書「才乙川重油流出 事故」（平成6年2月）
11	8			島根 三刀屋川	A重油 6	タンクロー リー横転	取水停止、断水、自衛隊 により給水。	②OF、油吸着材 ③猪原恒男[17]
12	8	3	6	秋田 増田町 成瀬川	灯油 7.2	タンクロー リーに給油人 為的ミス	地下タンクからタンク ローリーに給油中に来 客。接客で給油を忘れ2 時間放置した結果、油が 側溝に流れ川に至った。 下流1.5kmまでにわたり 油膜が広がった。	①原因者から警察 ②OF、油吸着材、藁、 土砂撤去 ③作業は3日間行われ、 川が凍結し油吸着材の使 用が困難であった　水質 事故対策技術2001年[4]
13	8	11	22	新潟 栃尾市 信濃川	A重油 1.0	作業ミス	地下タンクへ給油する 時、給油口を間違えたた め油が排水路に噴出、川 に至った。	①住民から市へ通報 ②OF、油吸着材 ③水質事故対策技術2009 年[6]
14	9	4	3	新潟 川口町 魚野川	A重油 0.4	STへの移送 ミス	製菓工場から川に流出、 水道取水を停止した。	①原因者から町へ ②油処理剤、OF ③（水質事故対策技術 2001年[4]
15	9	10	4	長野 臼田町 千曲川	灯油 1	給油中に溢れ 出る。給油ミ ス	燃料販売店から排水溝を 経て千曲川に流出、農業 用取水が停止、養殖場の ニジマス、鯉等262トン に被害。	③魚の油臭は4ケ月残っ た、長野県水産課で報告 書作成[16]

16	10	7	2	三重 関町 鈴鹿川	軽油 20	タンクロー リー転落大破	鈴鹿峠の国道1号からタンクローリーが川に転落大破、積荷の軽油全量が流出、水道取水停止4日間。	②鈴鹿市で対策本部を設置。OF、油吸着材、バキューム車、述べ1,600人が5日間作業。 ③河川法改正に伴う原因者の負担を巡り裁判になった、水質事故対策技術2001年[4]
17	11	3	8	広島 東城町 成羽川	A重油 7.8	詳細不明 製粉工場から 流出	工場から川に流出した。油は広島県から岡山県に県をまたいで流れたため混乱が起きた。	②建設省（当時）と県が対応。 ③指揮系問題、専門家不在等が指摘されているコンサルタント会社の記録[18]
18	11	4	6	北海道 士別市 天塩川	A重油 2.5	燃料タンクバルブ（配管継手）の劣化破損	工場から排水路と側溝を経て川に流出した。水道取水を停止した。	①住民から警察へ ② OF、油吸着材、バキューム車、作業一月間続く、積雪により難航した ③水質事故対策技術2001年[4]
19	11	6	12	鳥取 青谷町 日置川	C重油 4	燃料タンクから地中に漏れ	製紙工場地下タンクから土壌浸透、川に流出した。	②川に慢性的な油膜があり調査結果判明した、5月以上放置したことが指摘されている。[17]
20	11	10	9	北海道 紋別市 渚滑古川	軽油 10	ホースが外れていた	製材工場タンクから川へ2km先はオホーツク海で鮭の遡上時期であった。	② OF ③北海道新聞（平成11年10月10日朝刊）
21	11	11	29	岩手 北上市 北上川	A重油 0.7	工業団地の工場発電機燃料管に亀裂	工場から側溝を経て北上川水系の飯豊川に流出した。水道取水停止、断水3日間市民生活と工業団地の活動に大きな影響を及ぼした。	①原因者から市消防署へ ② OF、油吸着材、バキューム車、消防車 ③水質事故対策技術2001年[4]
22	12	1	28	北海道 北広島市 千歳川	灯油 4	鉄工所屋根からの落雪により送油管破損	工場から下水を経て川に流出した。	①原因者から消防へ ② OF、油吸着材 ③積雪により油の所在確認が困難、融雪時油膜が再出現した、水質事故対策技術2009年[6]
23	12	3	10	熊本 鹿本町 菊池川	A重油 3.7	ローリー車への給油ミス	ローリー車に給油中作業員が現場を離れたため車両のタンクが満杯となって溢れ出した。	①原因者から町消防へ ② バキューム車、消防車 20日間作業 ③水質事故対策技術2001年[4]

24	12	12	13	北海道 日高町 沙流川	軽油 6	タンクロー リー横転	国道274号にて横転した タンクローリーから出た 油が川に流出した。	①OF、油吸着材 防除費用1億円以上 ③関係者から聞き取り
25	13	1	25	岩手 雫石町 北上川	軽油 7	水力発電所送 油パイプに氷 塊が当り亀裂	送油パイプから油が噴出 して側溝から川へ流出し た。水道取水停止。	①原因者から町へ ②OF、油吸着材、バ キューム車 ③水質事故対策技術2009 年[6]
26	13	2	17	長野県 千曲市 千曲川	灯油1.7	小学校の灯油 タンクのバル ブ閉め忘れ	発生源から防水水槽、排 水路を経由して千曲川に 流出した。川で20匹の魚 の斃死が確認された。	②OF、油吸着材、バ キューム車 水道水に油臭がした。 ③水質事故対策技術2009 年[6]
27	14	1	17	島根 八戸川	タービ ン油 8	詳細不明	ダム発電所内、水力発電 用配水管4000mの内に油 混入	③止水のため発電停止24 日間に及ぶ[17]。
28	14	2	13	佐賀県 唐津市 松浦川	A重油 0.6	燃料タンクバ ルブを誤って 開放	農家のビニールハウス燃 料タンク(1.9kl)から水 路を伝って松浦川に流 出。 水道の取水が停止され た。	①住民から市へ ②OF、油吸着材、バ キューム車 ③水質事故対策技術2001 年[4]
29	14	4		東京 荒川区 荒川 お台場	CSO	大雨により下 水管に付着し た油が剥離し て荒川に流出	荒川下水処理場から豆粒 〜30cm大の白い油の塊 (CSO)が荒川に流出し、 東京湾お台場に漂着し た。	③処理場が合流式下水道 雨天時越流の構造故の流 出、日本ソリッド㈱ 「CSO用オイルフェンス について」海上防災118 号(2003年)
30	14	7	28	北海道 栗山町 石狩川	A重油 1.5	重油タンクの ホースが外れ た	精麦工場から排水溝を 通って雨煙別川(石狩川 支流)に流出し、水田に も流入した。	①住民から警察へ ②OF、油吸着材 ③水質事故対策技術2009 年[6]
31	14	9	26	岐阜 羽島市 長良川	軽油 不明	不明	橋の工事中、土中に溜 まっていた軽油が滲出し 川に流出した。	②油吸着材、土嚢、OF ③木曽川水系連絡協議 会[19]
32	15	10	20	宮城 仙台市 名取川	灯油 1.1	機械の故障	ガソリンスタンドで灯油 を送油中、機械の故障に より停止装置が作動せず 敷地から排水溝を通じて 川に流出した。	①原因者から消防署へ ②OF、油吸着材 ③水質事故対策技術2009 年[6]
33	16	4	14	富山県 富山市 神通川	A重油 1.5	製紙工場でタ ンクからST への送油ミス	STからオーバーフロー した油は水路を経て川に 流出した。	①原因者から市へ ②OF、油吸着材 ③水質事故対策技術2009 年[6]

34	16	5	25	埼玉 長瀞町 荒川	軽油 0.3	トレーラー転落	国道からトレーラーがダム貯水池に転落燃料タンクの軽油が流出した。	①住民から警察へ ②OF、油吸着材、油処理剤 ③水質事故対策技術2009年[6]
35	16	7	12	大阪府 大阪市 淀川	A重油 不明	砂利船で油の移送ミス	毛馬閘門内で砂利船のタンクに送油中に油が流出した。	①河川事務所巡視員が発見②OF、油吸着材、閘門ゲート封鎖 ③水質事故対策技術2009年[6]
36	16	8	26	北海道 上川町 石狩川	A重油 0.2	ホテルのボイラー室から流出	層雲峡ホテルから石狩川へ流出50km下流の旭川市内まで油膜、旭川市は水道取水を停止した。	①住民から町役場へ ②OF ③北海道新聞（平成16年8月28日朝刊）
37	17	2	12	新潟 長岡市 信濃川	A重油 3.4	JR駅構内の加熱散水装置の操作ミス	STに燃料が強制送油されオーバーフロー、排水路から川に流出した。水道取水が停止された。	①住民から市へ ②OF、油吸着材、バキューム車 ③水質事故対策技術2009年[6]
38	17	11	30	富山 小矢部市 小矢部川	灯油 0.5	工場の排雪作業中、油の配管を破損	事故の2週間後、川に油臭があり調査した結果発生源等が判明した。	①消防署職員が発見 ②油吸着材 ③水質事故対策技術2009年[6]
39	18	1		北海道 釧路 釧路川	不明	不明	港まで油膜が及んだ。	①河川管理者がパトロール中に見つける。 ②中和剤 ③釧路河川事務所聞き取り
40	18	2		北海道 留萌市 留萌川	灯油 0.2	住宅灯油タンクから	排水溝を通じて川に流出した。	②油吸着材、中和剤散布 ③留萌開発建設部で聞き取り
41	18	3	23	北海道 名寄市 石狩川	灯油 2	酪農家宅の灯油タンクパイプが積雪の重みでつなぎ目が緩んだ	タンクから道路側溝を500m流れて川へ流出した。	①住民から消防署へ ②中和剤 ③北海道新聞（平成18年3月24日朝刊）
42	18	3	23	北海道 小樽 小川	A重油 0.5	水産加工工場の屋根からの落雪によりボイラー配管破損	水産加工場から側溝、暗渠、川を経て海に流出した。	①漁民から市へ ②雪に覆われ発見が遅れたため、汚染範囲が広がった。OF、油吸着材 ③現地直接調査
43	18	7	5	神奈川 厚木市 相模川	A重油 1.5	温水ボイラーの配管破損	ビニールハウスから農業用水路を経て川に流出した。	②油吸着材、活性炭素 ③神奈川県ホームページ平成30年11月30日版「神奈川の水質事故」

44	18	11		北海道留萌市留萌川	軽油0.2	給油施設から	施設から水路を経て川に流出した。	②油吸着材、中和剤散布③留萌開発建設部で聞き取り
45	18	9	15	北海道奥尻島塩釜川	A重油2	無人のディーゼル発電所STオーバーフロー	発電所敷地から排水口を経て川から海に流出した。	①住民から消防署へ②中和剤③北海道新聞平成18年9月17日朝刊)
46	19	9	18	滋賀多賀町犬上川	A重油7.8	金属加工工場の燃料配管破損	水路を経て川に流出し途中地下へ浸透した。乾いた川底に油の痕跡が残る（図1－11参照）。	①原因者から町へ② OF③現地直接調査
47	20	10	9	北海道長万部陣屋川	A重油13.3	JR工場のSTフロートスイッチ故障	JR工場から暗渠800m、水路、川を経て海へ流出した。早朝町中に油臭がたちこめた。流出元の特定に時間を要した。	①警察の調査で判明②簡易堰、OF、油吸着材、バキューム車、③ NHK全国版のトップニュースで報じられた。現地直接調査
48	20	11	4	北海道南富良野町金山湖	軽油3.5	給油中トラックが発車してホースがちぎれた。	工場給油所（無人）から排水溝300mを経て湖に流出した。	② OF、油吸着材、ボート③北海道新聞　平成20年11月5日朝刊
49	20	11	9	宮崎県宮崎市大淀川	A重油0.3	農業用ビニールハウスの重油タンク鋼管から	鋼管フランジ部の腐食による破口	①市職員から消防所へ② OF、油吸着材③宮崎日日新聞平成20年11月10日朝刊
50	21			神奈川A川	灯油	工場の地下埋設油管の劣化	A川に油の滲出が続いたため、周辺ボーリング調査結果、事業所地下タンクから埋設管、地下水を経て川に流出していた事が判明した。	③神奈川県のホームページに一時期簡単に紹介された。月日や河川名等は伏せられている。
51	21	4	6	北海道恵庭市地下水	A重油57	不明	住宅建設工場の地中埋設油タンクに亀裂。土壌・地下水を汚染、敷地外への流出は確認されず。	②回収作業等詳細不明③北海道新聞平成21年4月7日朝刊)
52	21	9	1	熊本人吉市球磨川	ガソリン（ハイオク）4	ガソリンスタンド機械故障	地下で仕切られたタンクが空になっていることがポンプ音で判明、地下水、川への流出は確認されていない	①原因者から消防署へ②中和剤③人吉新聞（平成21年9月2日）
53	21	11	12	神奈川藤沢市境川	A重油1	温水ボイラーの配管腐食破損	ビニールハウスから農業用水路を経て川に流出した。	②油吸着材③2018年11月30日版広報誌「神奈川の水質事故」

54	22	11	6	山梨 富士河口 湖町 精進湖	ガソリン 20	タンクロー リーが湖に転 落	国道358号から精進湖に転落した。	②周辺に油臭、手漕ぎボートでOF展張など ③山梨日日新聞 平成22年11月7日）
55	22	8	29	北海道 岩内町 野束川	A重油 7.4	タンクのバルブ閉め忘れ	タンクから土壌、沢を経て川に流出した。	①住民から消防所へ ②OF、油吸着材、油処理剤 ③北海道新聞 平成22年8月30日朝刊、現地調査
56	23	10	9	北海道 紋別市 渚滑古川	軽油 12	製材工場タンクのホースに異状	工場の排水管から近接する川に流出した。詳細不明	①原因者から消防署へ ②OF ③民友新聞平成23年10月11日
57	24	1	13	佐賀県 小城市 六角川	油種、量ともに不明	不明	六角川の2.8kmに油膜、有明海に近く海苔養殖への被害が危惧された	①巡視していた武雄河川事務所職員 ②油吸着材、河口堰閉鎖 ③佐賀新聞平成24年1月14日
58	24	2	28	北海道 瀬棚町 馬場川	不明	不明	採石場で大量の油混じりの雪を二級河川に投棄した。油膜が2km先の海に至ったが、川は氷結し回収不能であった。	①海保が発見 ②原因者等詳細は不明のまま、川は凍結し氷を割ってOFを展張する。油吸着材は寒く役に立たなかった。 ③現地直接調査
59	24	9	7	大分 由布市 大分川	灯油 8	うっかりミス	農協給油所で車に送油中に流出し、水路を経て川へ入り12km下流まで油臭。	①原因者から市へ ②OF、油吸着材、草刈り ③九州地方整備局広報、西日本新聞平成24年9月9日
60	25	4	5	北海道 士別市 天塩川	灯油 6	研修施設のSTケージ管が雪圧により折損	施設から水路1kmを流れて川に至った。川岸の雪が大量の油を含み数週間油膜の源となった。	①市民から市へ ②積雪のため発見遅れ、簡易堰、油吸着材、バキューム車 ③直接調査
61	25	8	24	新潟 阿賀野市 阿賀野川	灯油 0.2	地下配管の破損	事業所から漏れた油が地下浸透、水路を経て川に流出した。	①原因者から市へ ②油吸着材、土のう ③ http://www.pref.niigata.lg.jp より
62	25	12	16	北海道 苫小牧 高速道	ジェット燃料 4	タンクローリー同士の衝突事故	ローリー2台ともジェット燃料を満載していたが、追突車の破損部から油が道路上に流出した。高速道の通行止が上下線8時間に及んだ。	②油吸着材、泡消火剤、バキューム車 ③北海道新聞（平成25年12月16日夕刊）

63	25	12	16	北海道 栗山町 トキト川	A重油 9	工場敷地で除雪作業中に重機で油パイプ切断	ペットフード製造工場内のボイラーと燃料タンクをつなぐパイプラインの切断で、油は側溝から川へ流出した。	①原因者から消防署へ ②OF ③北海道新聞平成25年12月17日朝刊)
64	26	1	28	香川 多度津町 観音堂川	A重油 0.2	葡萄農園ビニールハウスにてボイラー燃料コックの締め忘れ	タンク（1.8kl）の残油が土壌を経て川に流出し、下流600mまで油膜がのびた。落ち葉や枯草に油が付着。	①住民から町へ ②簡易堰、土嚢、油吸着材、OF ③直接調査
65	26	4	1	北海道 名寄市 天塩川	灯油 0.7	社員寮の暖房用配管が落雪で折損	タンクの残油が流出、土壌と水路1千mを汚染して川に流出した。	①市民から市 ②簡易堰、油吸着材、雪が大量の油を吸着していた。 ③直接調査
66	26	4	3	北海道 名寄市 天塩川	灯油 0.8	学校の灯油タンク配管が雪圧により折損	水路、池を経由して川に流出した。積雪のため発見が遅れた。	①学校から市へ ②中和剤散布 ③直接調査
67	26	5	11	北海道 岩見沢	A重油 1.5	配管劣化	側溝から水路へ流出した。	①原因者から消防へ ②油吸着材、簡易堰、中和剤 ③直接調査
68	26	11	28	熊本 鹿本町 菊池川	A重油 0.6	農家ビニールハウスタンク	タンクから土壌、側溝を経て上生川（菊池川支流）に流出した。	②OF、油吸着材、強力吸引車 ③菊池川河川事務所ホットニュース平成26年12月2日
69	27	1	23	新潟 十日町市 信濃川	A重油 5	雪圧により配管破損	産廃処理施設から土壌、水路を経て信濃川へ流出。 水道取水停止、JR新幹線融雪用水取水停止した。	①原因者から消防署へ ②OF、油吸着材、ドローン、回収作業5日間、川岸を覆う雪のため難航した。 ③信濃川河川事務所広報
70	27	7	22	北海道 夕張 石狩川	A重油 8	地中埋パイプ5箇所の穴から地中に染み出した。	食品工場で屋外のタンクからボイラーに至るパイプラインで40年前に埋設したもの、定期点検で気がついた。200m離れた川に流出していた。	①原因者から消防署へ ②OF ③北海道新聞（平成27年7月22日夕刊）
71	27	11	13	大分 大分市 大分川	軽油	流出源等不明	県道側溝から餅田川を経て大分川に流出した。	②OF、土嚢、油吸着材10日間作業が続いた。
72	27	12	20	岩手 一関市 北上川	A重油 4.5	生コン工場の埋設パイプの施工不良	コンクリート工場から土壌、水路を経て北上川に流出した。 魚30匹斃死。	①原因者から消防へ ②OF、油吸着材、汚染土砂撤去等3ヶ月間作業 ③北上川水系連絡協議会広報

73	28	1	10	山形 酒田港 豊川	C重油 58	海難 貨物船座礁	油塊は港から川を3.8km遡上し途中農業用水路にも侵入、川岸を汚染した。	①海保から県へ ②OF、人海 ③直接調査
74	28	3	17	北海道 洞爺湖町 洞爺湖	アスファルト乳剤 0.6	作業中のミス(担当者が現場を離れてしまった)	乳剤散布車のバルブが開きタンク内のアスファルト乳剤全量が側溝を流れ湖に入り湖水が茶色く濁った。	①原因者から道へ ②OF、油吸着材、油処理剤 ③北海道新聞(平成28年3月19日朝刊)
75	28	6	13	佐賀 多久市 山犬原川	A重油 9	人為的ミス監視を怠った	温泉施設のタンクへ給油中空気抜きから溢れ出した。油は水路から川に入り水田にも油膜が広がった。	①原因者から市へ ②OF、油吸着材 ③毎日新聞(平成28年6月15日朝刊)
76	28	8	21	千葉 千葉市 大堀川	A重油 0.5	鉄骨製造工場のSTフロートスイッチ故障	工場から雨水管を経て川に流出した。	①原因者から市へ ②油吸着材 ③柏市広報　8月24日「大堀川における重油流出事故について」
77	28	11	8	岐阜 飛騨市 宮川	ガソリン軽油 12kl	タンクローリー国道で横転車体損壊	国道41号に流れ出た油が側溝を経て川に流出した。	③周辺13世帯に避難指示、毎日新聞　平成28年11月9日朝刊
78	28	12	13	神奈川 平塚市 渋田川	A重油 1.5	農業ビニールハウスのボイラー配管に亀裂	ボイラー配管から出た油は土壌を汚染して川へ流出した。	①住民から市へ ②土砂撤去、油吸着材 ③平塚市広報(平成28年12月13日)
79	29	1	6	北海道 岩見沢 石狩川	灯油 0.7	小学校の灯油タンク管が雪圧で折損(4タンクが管で繋がっている)	タンクの下はガードベースン(漏油の貯留壁　図4-1参照)に覆われ漏油があってもこの中に留まる構造になっていたが、排水弁が開いていたため水路を経て川に流出した。	①住民から市へ ②簡易堰、油吸着材、中和剤 ③北海道新聞(平成29年1月7日朝刊)及び現地調査
80	29	4	24	福岡 福岡港 室見川	A重油 C重油	貨物船　火災沈没	漂流油が港から満潮時に数百m川を遡上した。	③福岡市広報(平成29年4月25日)
81	29	9	25	北海道 岩見沢 労働局 敷地内 排水管	灯油 5	合同庁舎地下配管経年劣化による穴から漏洩	約1年間地下配管から漏油が続いていた。32年前に設置された配管、環境汚染は確認されていない	①市民から労働局へ ②OF、中和剤 ③北海道新聞(平成29年10月3日朝刊)
82	29	10	22	滋賀 竜王町 日野川	焼入油 20	台風に伴う水害により焼入れ工場が冠水	タンク内の油が流れ出し、田畑、水路を経て川に流れ、10km先の琵琶湖に至った(図1-6参照)。	①町職員の巡視による ②OF、簡易堰、油吸着材 2日後痕跡なし ③現地調査

No	年	月	日	場所	油種	原因	状況	対応
83	29	11	15	宮崎 西都市 三納川	A重油 0.7	農業ハウスの暖房配管損傷	マンゴーのビニールハウス配管から水路500mを経て川へ流出。	①原因者から市へ ②土嚢堰、油吸着材、OF ③現地調査
84	30	2	20	青森 東北町 小川原湖	ジェット燃料	米軍のF16戦闘機燃料（増槽）投棄	飛行中、翼下の増槽2個を小川原湖に投棄、湖面に油膜が広がった。	①米軍の要請で海上自衛隊が対応 ②シジミ、シラウオ漁禁漁に 毎日新聞（平成30年2月21日朝刊）
85	30	4	11	島根 雲南市 三刀屋川	A重油 0.9	地震により配管に亀裂	病院ボイラー室から排水溝を経て川に流出した。	①原因者から市へ ②OF、油吸着材 ③毎日新聞（平成30年4月11日夕刊）
86	30	7	19	愛知 岡崎市 乙川	A重油 2	不明	老人ホームの地下タンクから川に流出した。 水道取水停止、アユに油臭	①市民から市へ ②OF、油吸着材 ③毎日新聞（平成30年7月20日朝刊）
87	30	12	14	岩手 矢巾町 岩崎川	A重油 5	工場で除雪中の重機がパイプを破損	工場から側溝、水路（暗渠）1700mを経て岩崎川に流出した。暗渠での確認に手間取った。油臭が立ち込めた。	①原因者から消防へ ②OF、油吸着材 ③矢巾町広報　平成30年12月14日「油流出事故発生」
88	31	3	5	北海道 北斗市 大野川	軽油 2	屋外タンクと発電機の間の配管に亀裂	新幹線トンネル工事現場の配管から土壌を流れて川に流出した。	①原因者から消防署へ ②OF ③函館新聞（平成30年3月6日）
89	31	4	16	北海道 岩見沢 利根別川	灯油 0.2	JR上幌向駅の野外タンクの配管繋ぎ目からマンホールへ	17日空知総合振興局が川に油が流出しているのを確認	①給油業者が発見しJRに連絡 ②油吸着材 ③北海道新聞（平成31年4月19日夕刊）
90	R元	7	15	三重 四日市市	軽油 4	タンクローリー積、水路に転落	水田脇の水路に転落しタンクから軽油が流出	①市民から警察 ②油吸着材 ③中京テレビ（R元.7.15）報道
91	元	8	28	佐賀 大町町 六角川	焼入油 50	豪雨 工場冠水	工場冠水により油浮上、水が引くのに伴い、病院、家屋、水田、水路を汚染して川、有明海まで流れた。	①原因者から消防署へ ②油吸着材 ③現地調査　自衛隊出動NO2とほぼ同じ
92	R元	9	20	北海道 本別町 利別川	C重油 48	製糖工場STタンク発停装置故障	暗渠、水路を経て川に流出、15km下流の頭首工（大きな堰）まで激しい汚染をもたらす。	①原因者から河川事務所へ ②油吸着材、OF ③現地調査

図4-1　現場写真（表4-1のNOの写真を示す）

9　諏訪川　C重油	9　川底に沈むC重油粒	10　才乙川　A重油
10　王泊ダム　A重油	29　お台場　CSO	42　小樽A重油タンク容量 1.5kl
42　小樽水路　A重油	42　小樽暗渠　A重油	46　犬上川　A重油跡
47　長万部　A重油	55　岩内　土嚢堰の設置	58　瀬棚　灯油

60　士別灯油	60　士別灯油	64　多度津Ａ重油タンク 1.8kl
64　多度津　Ａ重油	65　灯油タンク容量485リットル ×2個	65　名寄　灯油
67　岩見沢	73　酒田　Ｃ重油	73　酒田　Ｃ重油
73　酒田　Ｃ重油	79　タンクと防油堤	91　六角川　オイルフェンス

91 六角川と油膜	91 田畑、水路に油	91 水田に油、自衛隊員
92 水路を下る油	92 利別川の油膜	92 利別川 高島頭首工
92 高島頭首工 右岸魚道	92 高島頭首工 油回収	92 徹夜で回収した油

注) ここに載せた写真は、筆者が直接撮影したものが殆どで、版権の制約のある
写真は載せていない。(10は猪原恒男氏の提供による。)

参考文献

1） 国土交通省水管理・国土保全局「2016年河川データーブック」平成
  28年12月発行　河川の概要216頁
2） 国土交通省九州地方整備局大分河川国道事務所 HP　なるほど河川
  管理「河川管理の基礎知識」2005年
3） 国土交通省「平成29年全国一級河川の水質現況」平成30年 7 月発行
  86頁〜89頁

4）国土交通省水質連絡会　全国水質事故対策事例（平成13年9月）「水質事故対策技術2001年版」　172頁〜245頁

5）松本謙（1981年3月）「流出油の性状と回収」「海上防災」12号　海上防災事業者協会2頁〜7頁

6）国土交通省水質連絡会　全国水質事故対策事例（平成21年3月発行）「水質事故対策技術」《改訂版》《2009年版》《CD版》　4－99頁〜154頁

7）海上災害防止センター（1982年7月）「油吸着材の使用法に関する調査研究」海上防災19号　海上防災事業者協会　20頁〜32頁

8）藤田宏勝　坂井一浩　石原基「平成24年度　一級河川における水質事故対応について―事故・訓練から学んだこと―」第54回北海道開発局技術研究発表会論文

9）近藤五郎　「オイルフェンスの係留法」1980年11月「海上防災」海上防災事業者協会10号7頁〜11頁

10）倉品昭二（1981年3月）「オイルフェンスの二重展張等のさい生ずる渦流について」　海上防災12号　海上防災事業者協会　25頁〜30頁

11）Steve Potter HOW BOOMS FAIL 2017「WORLD CATALOG OF OIL SPILL PRODUCTS 11EDITION」SL Ross Environmental Research Limited　p14－P15

12）佐々木邦昭（2015年）「河川油濁対策の課題・集油について」2015年「安全工学」54巻1号　安全工学会　61頁〜65頁

13）片桐悠太、村上泰啓、佐々木邦昭「平成26年度　天塩川上流における油流出事故の教訓と課題」　第56回北海道開発局技術研究発表会論文

14）河野久美子「油処理剤の生物への影響」「油濁情報」2018年夏号NO14　海と渚環境美化・油濁対策機構　1頁〜5頁

15）イー・アーム・エム日本㈱（平成27年3月）「化学物質安全対策諸外国における多環芳香族炭化水素規制に関する動向　調査報告書」（平成26年度経済産業省委託事業）

16）小原昌和、三城勇　「灯油流出事故にあった養殖サケ科魚類の油臭味の持続性」　長野県水産試験所研究報告2001年　（長野水試5.48-

51（2001））48頁〜51頁

17）猪原恒男（2003年3月）「河川流出油対策について」（JEDIC）
　　VOL2　活動記録集　日本環境災害情報センター　16頁〜20頁

18）猪原恒男「河川油流出事故事例」O.S.IHARA OIL SPILL IHARA
　　ホームページ

19）木曽川水系水質保全連絡協議会（平成14年9月27日）「長良川一次
　　支流桑原川における油流出事故の状況について」お知らせ

資料編

資料1　関係する法規と条文

一　水質汚濁防止法　（環境庁・都道府県水環境部局所管）

第1条（目的）工場及び事業場から公共用水域に排出される水の排出及び地下に浸透する水の浸透を規制するとともに、生活排水対策の実施を推進すること等によって、公共用水域及び地下水の水質の汚濁の防止を図り、もって国民の健康を保護するとともに生活環境を保全し、並びに工場及び事業場から排出される汚水及び廃液に関して人の健康に係る被害が生じた場合における事業者の損害賠償の責任について定めることにより、被害者の保護を図ることを目的とする。

第14条の2　（事故時の措置）

特定事業場の設置者は、当該特定事業場において、特定施設の破損その他の事故が発生し、有害物質を含む水若しくはその汚染状態が第二条第二項第二号に規定する項目について排水基準に適合しないおそれがある水が当該特定事業場から公共用水域に排出され、又は有害物質を含む水が当該特定事業場から地下に浸透したことにより人の健康又は生活環境に係る被害を生ずるおそれがあるときは、直ちに、引き続く有害物質を含む水若しくは当該排水基準に適合しないおそれがある水の排出又は有害物質を含む水の浸透の防止のための応急の措置を講ずるとともに、速やかにその事故の状況及び講じた措置の概要を都道府県知事に届け出なければならない。

2　指定施設を設置する工場又は事業場（以下この条において「指定事業場」という。）の設置者は、当該指定事業場において、指定施設の破損その他の事故が発生し、有害物質又は指定物質を含む水が当該指定事業場から公共用水域に排出され、又は地下に浸透したことにより人の健康又は生活環境に係る被害を生ずるおそれがあるときは、直ちに、引き続く有害物質又は指定物質を含む水の排出又は浸透の防止のための応急の措置を講ずるとともに、速やかにその事故の状況及び講じた措置の概要を

都道府県知事に届け出なければならない。

　3　貯油施設等を設置する工場又は事業場（以下この条において「貯油事業場等」という。）の設置者は、当該貯油事業場等において、貯油施設等の破損その他の事故が発生し、油を含む水が当該貯油事業場等から公共用水域に排出され、又は地下に浸透したことにより生活環境に係る被害を生ずるおそれがあるときは、直ちに、引き続く油を含む水の排出又は浸透の防止のための応急の措置を講ずるとともに、速やかにその事故の状況及び講じた措置の概要を都道府県知事に届け出なければならない。

　4　都道府県知事は、特定事業場の設置者、指定事業場の設置者又は貯油事業場等の設置者が前三項の応急の措置を講じていないと認めるときは、これらの者に対し、これらの規定に定める応急の措置を講ずべきことを命ずることができる。

第19条（**無過失責任**）

　　工場又は事業場における事業活動に伴う有害物質の汚水又は廃液に含まれた状態での排出又は地下への浸透により、人の生命又は身体を害したときは、当該排出又は地下への浸透に係る事業者は、これによって生じた損害を賠償する責めに任ずる。

第31条（罰則）　次の各号のいずれかに該当する者は、6月以下の懲役又は50万円以下の罰金に処する。

（1）第12条第1項の規定に違反した者

（2）第14条の2第3項又は第18条の規定による命令に違反した者

　2　過失により前項第（1）号の罪を犯した者は、3月以下の禁固又は30万円以下の罰金に処する。

二　**河川法**　（国土交通省所管）

第1条　この法律は、河川について、洪水、高潮等による災害の発生が防止され、河川が適正に利用され、流水の正常な機能が維持され、及び河川環境の整備と保全がされるようにこれを総合的に管理することにより、国土の保全と開発に寄与し、もつて公共の安全を保持し、かつ、公共の福祉を増進することを目的とする。

第16条の2　河川管理者は、河川整備基本方針に沿って計画的に河川の整備を実施すべき区間について、当該河川の整備に関する計画（以下「河川整備計画」という。）を定めておかなければならない。

第18条（**工事原因者の工事の施行等**）河川管理者は、河川工事以外の工事（以下「他の工事」という。）又は河川を損傷し、若しくは汚損した行為若しくは河川の現状を変更する必要を生じさせた行為（以下「他の行為」という。）によって必要を生じた河川工事又は河川の維持を当該他の工事の施行者又は当該他の行為の行為者に行わせることができる。

第67条　（**原因者負担金**）河川管理者は、他の工事又は他の行為により必要を生じた河川工事又は河川の維持に要する費用については、その必要を生じた限度において、当該他の工事又は他の行為につき費用を負担する者にその全部又は一部を負担させるものとする。

三　**消防法**　（総務省所管）

第1条　この法律は、火災を予防し、警戒し及び鎮圧し、国民の生命、身体及び財産を火災から保護するとともに、火災又は地震等の災害による被害を軽減するほか、災害等による傷病者の搬送を適切に行い、もって安寧秩序を保持し、社会公共の福祉の増進に資することを目的とする。

第9条の4　危険物についてその危険性を勘案して政令で定める数量（以下「指定数量」という。）未満の危険物及びわら製品、木毛その他の物品で火災が発生した場合にその拡大が速やかであり、又は消火の活動が著しく困難となるものとして政令で定めるもの（以下「指定可燃物」という。）その他指定可燃物に類する物品の貯蔵及び取扱いの技術上の基準は、市町村条例でこれを定める。

注）札幌市の場合、屋外の灯油タンクの構造等は500㍑未満の場合消防署への届け入れは不要、500㍑以上は必要になる。この基準は市町村により異なり本州では200㍑を基準にして条例を定めて

いる。

第16条の3　製造所、貯蔵所又は取扱所の所有者、管理者又は占有者は、当該製造所、貯蔵所又は取扱所について、危険物の流出その他の事故が発生したときは、直ちに、引き続く危険物の流出及び拡散の防止、流出した危険物の除去その他災害の発生の防止のための応急の措置を講じなければならない。

2　前項の事態を発見した者は、直ちに、その旨を消防署、市町村長の指定した場所、警察署又は海上警備救難機関に通報しなければならない。

3　市町村長等は、製造所、貯蔵所（移動タンク貯蔵所を除く。）又は取扱所の所有者、管理者又は占有者が第一項の応急の措置を講じていないと認めるときは、これらの者に対し、同項の応急の措置を講ずべきことを命ずることができる。

4　市町村長（消防本部及び消防署を置く市町村以外の市町村の区域においては、当該区域を管轄する都道府県知事とする。次項及び第六項において準用する第十一条の五第四項において同じ。）は、その管轄する区域にある移動タンク貯蔵所について、前項の規定の例により、第一項の応急の措置を講ずべきことを命ずることができる。

5　市町村長等又は市町村長は、それぞれ第三項又は前項の規定により応急の措置を命じた場合において、その措置を命ぜられた者がその措置を履行しないとき、履行しても十分でないとき、又はその措置の履行について期限が付されている場合にあっては履行しても当該期限までに完了する見込みがないときは、行政代執行法の定めるところに従い、当該消防事務に従事する職員又は第三者にその措置をとらせることができる。

第16条3－2　危険物流出等の事故の原因調査（平成20年8月法律改正による）

1．市町村長等は、製造所、貯蔵所又は取扱所において発生した危険物の流出その他の事故であって、火災が発生するおそれのあったものについて、当該事故の原因を調査することができ

る。

2．市町村長等は、前項の調査のため必要があるときは、当該事故が発生した製造所、貯蔵所若しくは取扱所その他当該事故の発生と密接な関係を有すると認められる場所の所有者、管理者若しくは占有者に対して必要な資料の提出を命じ、若しくは報告を求め、又は当該消防事務に従事する職員に、これらの場所に立ち入り、所在する危険物の状況若しくは当該製造所、貯蔵所若しくは取扱所その他の当該事故に関係のある工作物若しくは物件を検査させ、若しくは関係のある者に質問させることができる

四　下水道法

第十二条の九（事故時の措置）

　特定事業場から下水を排除して公共下水道を使用する者は、人の健康に係る被害又は生活環境に係る被害を生ずるおそれがある物質又は油として政令で定めるものを含む下水が当該特定事業場から排出され、公共下水道に流入する事故が発生したときは、政令で定める場合を除き、直ちに、引き続く当該下水の排出を防止するための応急の措置を講ずるとともに、速やかに、その事故の状況及び講じた措置の概要を公共下水道管理者に届け出なければならない。

2　公共下水道管理者は、特定事業場から下水を排除して公共下水道を使用する者が前項の応急の措置を講じていないと認めるときは、その者に対し、同項の応急の措置を講ずべきことを命ずることができる。

第四十六条の二次の各号のいずれかに該当する者は、六月以下の懲役又は五十万円以下の罰金に処する。

　第十二条の九二項の規定の命令に違反したもの

資料2　北米で発生している河川油流出事故

　北米では、大規模な河川油濁事故が毎年発生している。事故の形態は、（1）パイプラインから流出、（2）原油輸送貨物列車の脱線転覆等に伴う流出、（3）ミシシッピ川等を航行する大型船舶やタンカーの衝突事故等に伴う油の流出と三通りがある。
　（1）と（2）は、2010年頃から目立つようになった事故であるが、その背景には次の事情がある。
- ・海岸部に埋蔵する原油の枯渇により、大陸内部に手付かずに残っていたタールサンド原油※1とシェール原油※2（これらの原油は非在来型と呼ばれ、在来型の原油と区別されている）の生産が急増した。その背景に掘削技術が開発されたことがある。
- ・生産地である内陸部から精油所や港のあるメキシコ湾等までは、1,000km 以上離れており、パイプラインでの送油能力だけでは無理があった。そこで、原油の長距離陸送として貨物列車での輸送をせざるを得なくなった。
- ※1　カナダのアルバータ州で生産され、コールタールに似た性状をもち溶剤で希釈して送油される。タールサンド原油は密度が1～1.07の高粘度油、多環芳香族炭化水素（PAHs）を多く含む。PAHs は強い毒性を持ち、発癌性を有する。
- ※2　米国北部ノースダコタ州バッケン地区の頁岩層から生産されBakken 原油とも呼ばれている。揮発性が高く硫化水素が多く含まれている。

図資1 北米地図　本文に登場する州を〰〰で示す

（1）パイプライン事故

　米国では原油パイプラインが全土に網目状に走っている。その多くが老朽化したためパイプラインの破損等による大規模油流出事故が頻発している。事故が発生したとき主にEPA（米国環境保護庁）とPHMSA（パイプライン・危険物安全管理局・米国運輸省内の組織）が主体となって対応と国民への周知を行っている。これらの中で特に報道量の多かった5例を以下に紹介する。パイプラインから油が流出した事故は2010年だけでもカナダで30件、米国で12件が報道されている（Cornell University's Global Labor Institute の発表）。

① カルマズー川の流出事故

　2010年7月26日、米国ミシガン州マーシャル市の街中に地下埋設されていたカナダ Enbridge 社のパイプラインが破裂した**図資2**。これ

により原油100万ガロン（3800kl）が流れ出し住宅街は激しい汚染と異臭に包まれた。油は側溝と水路を経てカルマズー川に流出し、36マイル（58km）下流まで油膜を作るとともに途中川床に沈殿して激しい汚染を引き起こした**図資3**。

　被害は住宅150家屋の取り壊しと住民の移住、長期間・広範囲に及ぶ水道の取水停止、農地の汚染、亀やガチョウ等野生生物への影響などであった。この原油はタールサンド原油で米国が油濁事故として経験する初の油種であった。

　事故対応等は、沈殿した油の回収等で困難を極め、3年以上続けられた。作業の指揮はEPAが行い、EPAのホームページ（HP）には6年間、Kalamazoo River oil spill の表題で毎日のように動画等が公開された。2016年7月20日、EPAは、裁判によりEnbridgeと示談が成立した旨をHPに載せた。示談金は $177M（180億円）で、その内訳は

- ・五大湖付近を走るパイプライン2,000マイルの検査とシステム改善、古いパイプの交換等に $110M（約120億円）
- ・Clean Water Act による民事罰（Civil penalty）としてミシガン州に $61M（約67億円）イリノイ州に $1M（約1.1億円）
- ・OPA90（1990年にできた米国油濁法）による負担金 $5.4M（約6億円）で公的機関等が実施した回収作業等の負担金

　他に川の修復費、被災者への補償等に $765M（842億円）を負担して決着したが、本件は米国内陸部の油流出史上最大の流出量、損害額であった。

図資2　掘り出された破損したパイプ

　　直径30インチ（76cm）
　　破損部クラック6フィート
　　　　　　　　（183cm）

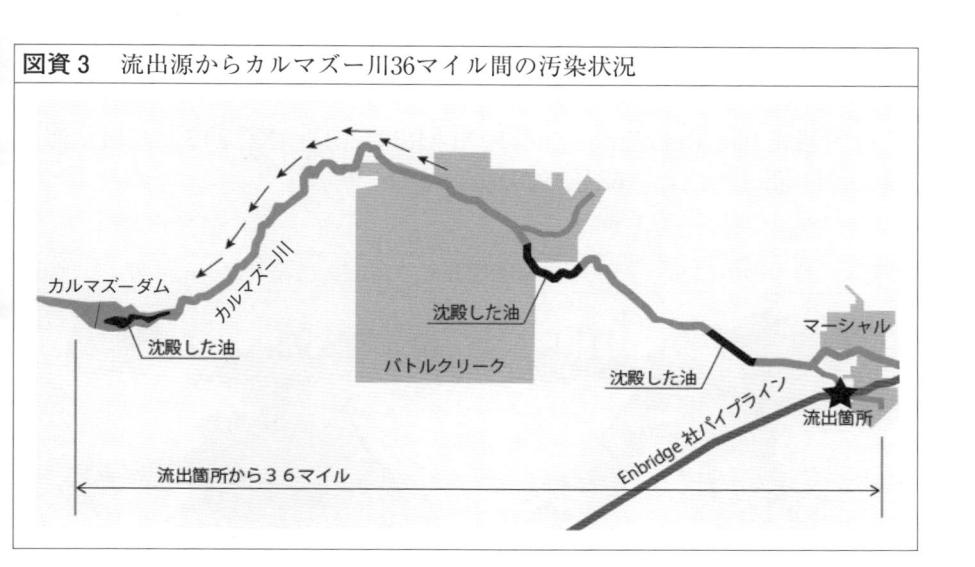

図資3 流出源からカルマズー川36マイル間の汚染状況

カルマズーダム
沈殿した油
カルマズー川
沈殿した油
バトルクリーク
沈殿した油
マーシャル
Enbridge 社パイプライン
流出箇所
流出箇所から３６マイル

（情報元：inside climate news JUN26, 2012 The Dilbit Disaster : Inaside The biggest Oil Spill you've Never Heard、 海上防災167号 (2015)「米国史上最大の内陸原油流出事故から５年を経て Kalamazoo Oil Spill 参照)

② **エクソン（EX）社のアーカンサス油流出事故**

　2013年３月29日米国アンカンソー州メイフラワー地区で住民が室内でパーティーを開いていた際異様な臭いが立ち込め、家の前の道路に油が流れてきたことから事故が発覚した。EPA の発表によると、1940年代に地下に埋設されたパイプラインの溶接部に亀裂を生じタールサンド原油42万ガロン（1600kl）が地上に吹き出し、油は道路、側溝、湿地帯に流れ**図資４, ５**、ミシシッピー川の支流アーカンサス川の湖に流出した。４月２日 PHMSA は EX 社に対して油回収の命令を発した。被害は22家屋の取り壊しと40世帯の移住、住民の健康被害等で米国では Exxon's Arkansas Spill と呼ばれ大きく報道された。

　2015年10月１日、PHMSA は EX 社に対して民事罰 $26.3M（約290億円）、クリーンウォーター法違反＄５M（約６億円）の支払いを命令した。このほか EX 社は2016年に環境修復のため $130M（約

145億円）を州に支払っている。

　（情報元：inside climate news MAR30, 2013～NOV17, 2014、海上防災158号（2013）、168号（2016））

図資4　地中の破損部　7m×5cm	図資5　住宅街に流れたタールサンド原油

③　イエローストーン川の流出事故

　2015年1月17日米国モンタナ州グレンダイブにて厳冬期、氷結したイエローストーン川の川床2.5m に埋設されていた Bridger Pipeline LLC 社（以下B社）のパイプライン（直径12インチ、約30cm）が破損し、シェール原油3.1万ガロン（117kl）が流出した。氷結した川の事故は米国で初めてであった。PHMSA は B社に対し、1月23日に流出油の回収を命令し、その6日後に B社は対応計画書を提出した。破損箇所の調査は24日からソナーを使って行われ、その結果パイプラインが15m にわたって川底から30cm 露出している事が分かった。油の回収は、60cm 程の氷に穴を所々開けて行われた**図資6**。しかし、3日後90km 下流の氷の割れ目でも油膜が確認された。川幅が数十 m あり流氷が重なり合ってできるクラックから黒い油が湧き上がっているのが見つかった。

　油の回収作業は氷の溶け始める2月からは氷結状態が不安定で危険なため限定的に行われ、3月から原因調査などが本格的化するとともに数ヶ月間にわたって油の回収作業が続いた。

　被害は、事故翌日水道水に油臭があり取水を停止、EPA が調べた結果 VOCs ※3 に汚染されたことが確認され、水道管の洗浄が大々

的に行われた（取水箇所は現場から7マイル（約11km）下流で水深4mにあったため当局は油の影響はないと予測していた）。米国では2015 Yellowstone River Oil Spill とこの事故は呼ばれている。

2017年2月9日、モンタナ州環境基準局（DEQ）はB社に対して民事罰1.1億円の支払いを命じた。クリーンウォーター法違反和解金と油の回収費用については現時点では不明である。

イエローストーン川では2011年7月1日にも大雨で川底に埋設していた Exxon 社のパイプラインが露出しそこに流てきた石が当たって破壊し、タールサンドオイル6.3万ガロン（238kl）が流出する事故が起きている。この時は、2015年1月23日に民事罰 $70万、クリーンウォーター法違反和解金 $1.6M の支払いを PHMSA は命令し、Exxon 社が負担した油の回収作業費は $135M（150億円）、汚染された土地所有者との和解金が $2M であった。 この事故は2011Yellowstone River Oil Spill と呼ばれている。

図資6	水面に穴を開けて油をホースで吸引　小型ホーバークラフトが活用された。

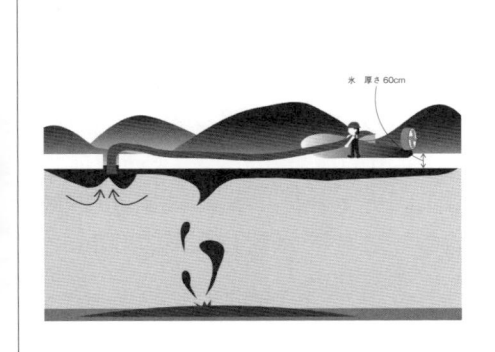

（情報元：「海上防災」165号（2015）「米国河川油濁事故（イエローストーン川）モンタナ州広報 https://dojmt.gov/lands/yellowstone-river-oil-spill-january-2015/

http://ens-newswire.com/2015/01/20/crude-pipeline-breach-fouls-montanas-yellowstone-river/

※3　VOCs は揮発性有機化合物で環境中に放出されると健康被害
　　等を引き起こす

④　カリフォルニア州サンタバーバラとロサンゼルス（LA）での流
　出事故
　　LA からサンタバーバラの間にわたる沖合には油井が多く、ここで
生産された原油（在来型）はパイプラインにより陸域に送油される。
2015年5月19日、サンタバーバラの地中に埋設されているパイプライ
ン（1987年設置、直径24インチ（60cm）、送油量207kl／h、所有者
Plains All American Pipeline）に破口が生じ原油400kl が流出し水路
（殆どが暗渠で所々開いている）にはいって800m 先の太平洋に流れ
出た。この内80％は水路内で回収されたが、20％は海に流れ出て海岸
線9マイルに漂着した。
　　この海浜周辺は風光明媚で富裕層の豪邸やプライベートビーチ等が
ある。被害はキャンプ場が3カ月にわたり閉鎖、ハイウェイ101の閉
鎖、頭痛や目の痛みを訴える市民等に及んだ。翌20日には対策本部が
CG（沿岸警備隊）と EPA により作られ、PHMSA は所有者に対して
流出油の回収命令を出している。
　　この事故の前年の2014年5月15日には、LA では市内を走る原油パ
イプラインの中継地の弁から原油70kl が空中高く吹き上げ、ストリッ
プ劇場や通行人が原油を浴びる事故があった。パイプラインの残圧と
高低差から油の噴出は45分間続き、LA 川に流れ出た。
　　更に、1969年1月にはそれまでの米国史上最悪の海洋油田暴噴事故
がサンタバーバラの沖で発生している。この時は流出量約3000kl、流
出は数ヶ月続き多くの海鳥やイルカ等が犠牲となっている。
⑤　ノースサスカチュワン川（カナダ）
　　2016年7月20日カナダのサスカチュワン州マドストン町で、地面下
3m に埋設してあった Husky Energy 社のパイプライン（φ40cm）
に破口を生じ、高粘度原油250kl が地上に噴出した。油は300m 離れ
たノースサスカチュワン川に流出した。油は川面に油膜を作るととも
に、川底の広範囲に沈殿し回収作業は困難を極めた。被害は、水道取
水の停止と多くの鳥や魚が犠牲になった。

パイプラインには最新式の警報装置が備えられており警報が鳴ったものの現場では誤作動と判断された。その結果、事故の発見と対応が後手に回ってしまう等初期対応の欠如が指摘されている。

　カナダでは NORTH SASKATCHEWAN RIVER OIL SPILL のタイトルで多くの映像を付して報道されている。

　（情報元：カナダ地元紙 HUFFPOST08/30/2016　https://www.huffingtonpost.ca/2016/08/30/saskatchewan-oil-spill_n_11777780.html?utm_hp_ref=ca-north-saskatchewan-river-oil-spill、「海上防災」171号（2016）「パイプラインから高粘度原油流出、カナダ　サスカチュワン川」

（2）原油輸送貨車の脱線転覆に伴う川への原油流出

　2013年頃からタールサンド原油とシェール原油の貨車による大量輸送が始まった。タールサンド原油はカナダのアルバーター州で、シェール原油は米国ノースダコダ州西部バッケン地区を中心に生産され、メキシコ湾等にある製油所や港に貨車で長距離輸送される。何れの原油も一輛あたり約110kl が積載される。一列車で80～100輛が連結され1万 kl 程が一度に運ばれている図資7。この列車による脱線転覆、そして破壊した車輛から川に原油が流出する事故が多発した。そこで、運輸省は2018年から車輛の構造改良や走行速度の抑制対策を厳しく採り始めたが、輸送量の増加もあって2019年になった現在でも類似事故の発生が止まらない。

　シェール原油は引火爆発を伴うことが多く、特に2013年7月カナダのケベック州で発生した事故では、暴走した貨車が街中で脱線転覆・爆発炎上して街の半分が焼失し市民47名が犠牲になった。この際に川にも油が流出していたが揮発性が高いため油回収作業の報道は少なかった。2015年2月14日に米国バージニア州で発生したシェール原油を輸送中に脱線転覆して川に転落した事故では、図資8に示すように川面をおおう形で火災が広がり油膜と火炎が川を流れ下った。

　タールサンド原油の場合、高密度で高粘度のため川に流出すると油膜が浮くだけでなく油が川底に沈殿する。更に、事故発生時の高温状態により火災になる事例も発生している。これらの事故は2013年以降

現在まで数十件と多発しているが、それらの10例を表資１に簡単に紹介する。これらの情報は、プレスや原因者、運輸省から数多公表されていて、ネットで簡単にその内容を把握することができる※４。（情報元：「海上防災」166号（2015）「連発する北米原油貨車の脱線転覆その２」）

　　※４　ネットでの公表は、長期間残っているとは限らない。短期で抹消されるケースも見受けられる。

表資１　原油輸送貨車の脱線転覆・川への原油流出一覧

	年月日	国州	貨車全体	脱線車輌	火災車輌	記事
1	2013.3.27	米ミネソタ	94	14	なし	初の大規模原油輸送貨車の脱線事故、今後の類似事故の発生が指摘された。積荷タールサンド原油113kL流出。
2	2013.7.6	カナダラックメカンテック	77	72	72	大惨事。列車が暴走し市街地の半分焼失、市民47名焼死、2000人避難。オタワ川の支流に流出。積荷シェール原油7200kL全量流出燃焼
3	2013.11.8	米アラバマ	90	25	11	橋の上で脱線し橋から沼地に25輌が落下爆発炎上した。3日間燃え続け米国列車事故史上最大の規模。シェール原油2850kLが湿地帯に流出し燃焼。
4	2013.12.30	米ノースダコタ	106	18	18	カセルトン市の雪野原で脱線、隣の穀物輸送列車と衝突、爆発炎上した。大晦日に住民2400人が避難した。、シェール原油が2400kL流出した。
5	2014.4.30	米バージニア	105	13	15	リンチバーグで脱線してジェームス川に転落、流出した油により川面火災となった。住民数百人が避難。シェール原油190kL流出。図資12参照
6	2015.2.14	カナダオンタリオ	100	29	19	ティミンズで脱線し火災爆発した。周辺は氷結した雪原で約1000KLが雪の中に残った。原油の種類は不明。
7	2015.2.16	米ウエストバージニア	109	26	14	マウントカーボンの住宅街で脱線し、カナワ川河原に転落、民家1軒焼失、川面をおおう大火災となった。シェール原油12,500KLを輸送中であった。
8	2015.3.5	米イリノイ	103	21	8	寒冷期、ミシシッピー川の川原に転落し、2輌に着火し大火災となった。シェール原油の川本流への流出は食い止めることができた。
9	2018.6.22	米アイオワ		33	なし	ドーム地区リトルロック川に転落した車輌からタールサンド油870kL流出、川に油膜を作るとともに川床にも油が沈殿した。水道取水停止。
10	2019.2.16	カナダマニトバ	110	37	なし	脱線転覆により16輌が破損、タールサンド原油1000kL以上が雪原（湿地帯）に流出している。被害などは不明。Manitoba oil spillと言う事故名で報道されている。

図資7 原油貨車列、脱線転覆車輌（後方）	**図資8** 川面で燃える油

図資9 2018年6月22日 アイオワ州北部て脱線し川に原油流出した事故

（3） ミシシッピ川に流出した油

　ミシシッピ川ではしばしば船舶事故に伴う油の流出が発生してい
て、2000年代で大規模な事故は4件発生している。ミシシッピ川はミ
ネソタ州北部からルイジアナ州メキシコ湾までの全長6000km に及ぶ
米国最大の河川である。流域にはニューオーリンズ等の大都市をかか
えるほかコンビナート等もあり、川水は飲料水として供給されてい
る。そのミシシッピ川において2008年7月23日、河口から128km
（ニューオーリンズ市）付近で船舶の衝突によりタンカー（艀）が二

つに折れて水没状態になった。その結果、積荷の高粘度油960kl が流出する事態となった。その結果、船舶の周辺水域での航行が禁止され200隻の大型船舶が2日間完全に留め置かれた。更に、飲料水取水が5箇所で停止、経済活動の制約、観光業への影響等へと被害が拡大した。油の回収作業は CG（沿岸警備隊）、ルイジアナ州環境局等の指揮の下に行われ、オイルフェンス（57km）、回収装置、油吸着材等が使われている。

図資10 油の帯とオイルフェンス	**図資11** 湿地帯の汚染と油回収作業

（情報元：海上防災第139号 （2008）「ミシシッピ川で発生した油濁事故」

資料3　北米以外の地域で発生している河川の流出油事故

　北米以外の国々でも河川での油流出事故が発生している。中国、南米の事例を以下に紹介する。ロシア、ヨーロッパ、アフリカのナイジェリアの国際河川で発生した事故も国際油濁会議等で話題にされていたが資料不足のため割愛する。

1．中国

（1）　松花江（アムール川上流）

　2005年11月23日吉林省吉林市の化学工場爆発で大量のニトロベンゼン等約100トンが松花江に流出し、2日後には数百km下流の黒龍江省ハルピン市に到達した。市民への事故の広報は事故から既に10日が経過してから行われたため、町全体がパニック状態におちいり、水道水取水停止等の被害が生じた。更に松花江の下流はロシアでアムール川と呼ばれ、流域のハバロフスク市も大きな混乱に陥った。川は結氷期であり、汚染された流氷がオホーツク海へ流れ出すことも心配されたが、それ以上の報道は見当たらない。この事故の報道は中国の国営通信社新華社が初日に簡単に伝え、後の報道はロシアからのインターネットニュースが主で中国側は情報の発信を殆ど行わなかった。

　（情報元：環アジア研究センター年報2010年「アムール河汚染報道に関する一報道に関する考察」新潟大学平原かや子

（2）山東省青島市と遼寧省大連の爆発、水路に油流出

　2013年11月22日、青島市の人口密集地帯でパイプラインから原油が路上に流出しその一部が地下暗渠に入った。およそ7時間後、暗渠内数箇所で突然爆発し道路などが吹き飛び大勢（300人以上）が死傷し、市民18000人が避難した。

　国務院はパイプラインの管理がずさん、事故対応も経験不足で未熟であったこと等を指摘し、習近平主席も現地視察したが、その後の事故に関する報道はない。

2010年7月には大連の人口密集地帯でも原油パイプラインの爆発、油の流出があり多くの犠牲者が出たようだが、詳細について新華社は報道していない。

図資12　爆発して破壊された暗渠

　（情報元：「海上防災」148号（2011）「中国大連製油所爆発・油濁事故」、「海上防災」160号（2014）「中国石油パイプラインの連続事故」）

2．南米アマゾン川流域

（1）原油掘削に伴う油の流出（ペルー）
　1967年以降、アマゾン川上流の熱帯雨林では、米国の石油会社テキサコ（2001年シェブロンが買収）による原油採掘が進み、それに伴い廃液の投棄が常態化していた。廃液は水路を経て川へと流出したた

め、流域で原始的な生活をする多数の部族、原住民の生活を一変させた。深刻な疾病に苦しみ、環境も破壊され、部族の滅亡へ追い込むような甚大な影響を与えていた。1993年、米国の弁護士が原住民の支援に取り組み、ニューヨークでシェブロンを告訴し法廷闘争が続いた。2016年に米国最高裁判所はシェブロンの責任を全面的に認定し決着した。この記録はドキュメンタリー作品として映画「クルード」で見ることができる。映画では川に排出された原油は20年間で6.4万 kl と推定しているが、シェブロンはその1／10と主張している。2016年ペルーの TV 局は現地を取材して「魚もワニも、植物も死んでしまい、これからどの様に生きていけば良いのか……」「不快な油臭によりみんな吐き気、めまいに苦しんでいる」という原住民の声を伝え、このニュースは世界的に報道された。これらの動きを受けてペルー政府は2016年2月28日国家非常事態を宣言して国を挙げての対応を始めた。ペルー政府は2011年に11件、2016年に3件の油流出の詳細を公開している。(情報元：海上防災第169号 (2016) アマゾン川上流域で続く原油流出事故、アメリカの記録映画「クルード」)

（2）地滑りによるパイプライン破壊に伴う油の流出 （エクアドル）

　2013年5月31日、エクアドルの首都キトの東200km の地点で敷設されていたパイプライン100m が地滑りにより崩壊して原油42万ガロン （1600kl） が流出した。現場はアンデス山脈の東面で、油はアマゾン川の支流クイジョス川に流れ出た。川の下流の都市では水道取水が停止された。影響は下流のペルーとブラジルにも及び、これらの国々は共同して対応に当たっていたが、詳細は不明である。

　エクアドルではアマゾン川上流のナポ川域で原油生産がエクアドル国営会社により日産50万バレル （8万 kl） の規模で行われ、産出された原油は標高4000m のアンデス山脈を超えて太平洋側の製油所・港にパイプラインで送られている。その長さは500km に及ぶ。この原油は日本にも輸出されていた。そ以前の1987年と1992年にもこのパイプラインは大地震により破壊され、大量の油がアマゾン川に流出する事故を起こしている。(情報元：海上防災第157号、159号 (2013)「アマゾン川上流域の油汚染」

あとがき

　本書発行の二月程前の令和元年8月、佐賀県に降った豪雨は鉄工所の油タンクを冠水させた。そして浮上した大量の油は下流の住宅、病院、田畑、川そして有明海まで汚染域を拡げた。このニュースは当時連日全国に報じられ、善意に満ちた人々が油の回収等の復旧のため集まった。しかし、水面に浮く油膜にどの様に挑むのか、これは容易なことではない。その術を知る専門家がいてボランティア等に指導していたのだろうか・・・

　更に、令和元年9月北海道の製糖工場でボイラー燃料であるC重油の大量流出事故が発生した。送油装置の故障から10時間程ボイラータンクへの送油が続き、タンクから溢れ出た油は工場外の川に流出した。当日の初期対応でその多くが回収されたが、一級河川利別川では15kmにわたり川幅全体を覆うように濃い油膜が3日間程流れ、下流の頭首工（農業用取水堰）でその多くが堰き止められた。頭首工の下流は、堰を閉じる前と魚道から漏れ出る油で10km先まで油膜を作っている事が確認された。季節が鮭漁の最盛期で漁業被害が心配された。

　日本では、海と川での油濁事故が多く発生しているが、事故に対応できる専門家も包括的な専門書も少ない。
　本書は「川に油が流れると・・・」その現場の視点で知っておくべき内容を、過去に実施された調査研究の成果物（眠ったままのものが少なくない）からの引用、油濁事故現場で体得した経験知、疑問、目撃した事実等を引用してまとめたもので、原本はメモ帳の様なものであった。版権の都合でここに掲載できない写真が多くあるのが残念（一部はイラストで紹介）、私の筆力不足の箇所、引用文献の理解不足もある。その様な部分についてはご指摘を賜り何時か改定版に繋げていきたいと思う。
　近年、川の油濁事故は件数としては減少してきた。しかし、人類が大量の油を使う限り「川に油が流れる」事故もなくならず、我々はその備えを持たなければならない。

　本書の作成に当たり、国土交通省、滋賀県、山形県、大分県に資料、写真を提供して頂き深謝致しております。又オイルフェンス、油吸着材、回収装置の各メーカーそしてイラストレーター加藤都子氏にも深謝申し上げます（佐々木記）

著者／佐々木邦昭

　経歴　札幌市出身、昭和44年海上保安大学校卒業、海上保安庁、海上災害防止センターで勤務し、海上災害防止センターではタンカー等による海洋油濁対応に取り組んでいた。平成18年引退の後、漁場油濁基金と川のNPOの専門家として要請があった時、流出油対応と関係する訓練の支援、講習等を行っている。担当した油濁案件としては、貨物船マリタイムガーデニア（平成２年京都府伊根町）、ペルシャ湾原油流出（平成３年調査団と緊急援助隊員）、タンカー泰光丸（平成５年福島県小名浜）、タンカーナホトカ（平成９年福井、石川県）等50数件があり、これらの一部は「私の油濁見聞記」として季刊誌「海上防災」に寄せられている。

協賛／株式会社タナカ商事

　〒003-0811 北海道札幌市白石区菊水上町１条１丁目325－5（担当松生悟郎）

　会社概要　主たる社業は管理型最終処分場等の遮水シート施工・工事であるが、

　油吸着材、オイルフェンス、簡易堰等の販売を行っている。

　NPO法人「川の油濁防止技術研究会」は平成９年から㈱タナカ商事内に事務局を維持して河川の事故対応と訓練の支援、資機材の調査・実験等を行っている。

銀鈴叢書

川に油が流れると・・・
（河川の油流出対策と教訓について）

2019年10月29日　初版発行
定価＝本体価格2,000円＋税

著者／佐々木邦昭ⓒ
協賛／株式会社タナカ商事
発行／㈱銀の鈴社

　〒248-0017　神奈川県鎌倉市佐助1-10-22　佐助庵
　TEL：0467-61-1930　　FAX：0467-61-1931
　URL　http://www.ginsuzu.com　　E-mail info@ginsuzu.com

ISBN978-4-86618-080-9　C3062　Printed in Japan　NDC684　148頁
印刷／電算印刷㈱　製本／渋谷文泉閣